Mit Prozenten rechnen

1 **Das Prozentsymbol „%" bedeutet „pro Einhundert". Prozente geben Anteile vom Ganzen an. Du kannst sie in Brüche umwandeln und als Dezimalbrüche schreiben. Schreibe die Zahlen an die richtige Stelle in der Tabelle.**

Prozent	10 %	20 %	25 %	50 %	75 %	100 %
Bruch	$\frac{10}{100} = \frac{1}{10}$	$\frac{20}{100} = \frac{1}{5}$	$\frac{25}{100} = \frac{1}{4}$	$\frac{50}{100} = \frac{1}{2}$	$\frac{75}{100} = \frac{3}{4}$	$\frac{100}{100} = 1$
Dezimalbruch	0,1	0,2	0,25	0,5	0,75	1,0

2 **In Aufgaben zur Prozentrechnung gibt es immer einen Grundwert, einen Prozentwert und den Prozentsatz.**
Erfan merkt sich die Bedeutung der Wörter mit einer Aufgabe: „Eine Hose kostete 80 €. Im Schlussverkauf kostet sie nur noch 75 % des alten Preises. Das sind 60 €."

Wonach ist in den Aufgaben gefragt? Verbinde die Aufgaben mit den richtigen Rechnungen.

- Eine Hose kostete 80 €. Jetzt kostet sie nur noch 75 % des alten Preises.
- Eine Hose kostet nur noch 60 €. Sie wurde um 75 % reduziert.
- Eine Hose kostet noch 60 €. Vorher kostete sie 80 €.

- Prozentsatz: 75 % = $\frac{60€}{80€}$
- Prozentwert: 60 € = 75 % · 80 €
- Grundwert: 80 € = $\frac{60€}{75\%}$

3 **Amina löst eine andere Aufgabe: „Eine Tasche kostet nur noch 84 Euro. Das sind 60 Prozent des ursprünglichen Preises. Was hat die Tasche vorher gekostet?"**

Sie berechnet den Grundwert lieber mit dem Dreisatz. Sie überlegt zuerst, was zehn Prozent entspricht. Dann rechnet sie das Ganze aus. Ergänze ihre Rechenschritte.

	60 %	sind	84 €	
: 6				: 6
	10 %	sind	14 €	
· 10				· 10
	100 %	sind	140 €	

4 **Ordne der Aufgabe den richtigen Prozentwert zu. Verbinde.**

- fünfzig Prozent von neunzig Euro
- achtzig Prozent von einhundertzwanzig Euro
- vierzig Prozent von achtzig Euro
- fünfundzwanzig Prozent von zwanzig Euro
- dreißig Prozent von sechzig Euro
- zehn Prozent von vierzig Euro
- fünfzehn Prozent von fünfhundert Euro

- 4 €
- 18 €
- 75 €
- 32 €
- 5 €
- 45 €
- 96 €

5 **Berechne den Prozentwert. Schreibe Antwortsätze wie im Beispiel.**

18 % · 500 min =	90 min	18 % von 500 min sind 90 min.
15 % · 300 cm =	45 cm	15 % von 300 cm sind 45 cm.
25 % · 76 € =	19 €	25 % von 76 € sind 19 €.
30 % · 120 kg =	36 kg	30 % von 120 kg sind 36 kg.
65 % · 120 € =	78 €	65 % von 120 € sind 78 €.
70 % · 70 m =	49 m	70 % von 70 m sind 49 m.
50 % · 84 kg =	42 kg	50 % von 84 kg sind 42 kg.

6 **In Lenas Klasse sind 30 Schülerinnen und Schüler. Sie stellt die Herkunftsländer der Kinder in einem Kreisdiagramm dar.**

a) Was ist in der Aufgabe und im Diagramm angegeben? Kreuze an.

[X] Prozentsatz [ ] Prozentwert [X] Grundwert

b) Berechne, wie viele Kinder jeweils aus den Ländern kommen.

Land	Anzahl Kinder
Deutschland	7
Spanien	6
Polen	5
Italien	4
Afghanistan	2
Eritrea	1

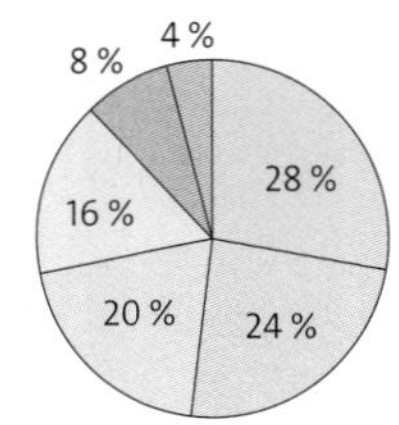

- Deutschland
- Spanien
- Polen
- Italien
- Afghanistan
- Eritrea

Starthilfe: „Sieben Kinder in Lenas Klasse kommen aus Deutschland."

c) Schreibe Sätze zu den Herkunftsländern in dein Heft. Das Beispiel hilft dir dabei.

der Grundwert, die Grundwerte
der Prozentwert, die Prozentwerte
der Prozentsatz, die Prozentsätze
das Herkunftsland, die Herkunftsländer
das Kreisdiagramm, die Kreisdiagramme
aus einem Land kommen, er/sie kommt aus einem Land

7 **Ordne der Aufgabe den richtigen Prozentsatz zu. Verbinde.**

dreißig von vierzig	25 %
zwölf von achtundvierzig	50 %
dreizehn von einhundertdreißig	10 %
acht von sechzehn	60 %
zwölf von dreißig	80 %
vierundzwanzig von vierzig	40 %
sechsunddreißig von fünfundvierzig	75 %

8 **Wie viel Prozent sind das? Berechne den Prozentsatz und beantworte die Frage.**

69 m von 92 m =	75 %	Das sind 75 %.
30 s von 75 s =	40 %	Das sind 40 %.
42 min von 70 min =	60 %	Das sind 60 %.
19 kg von 76 kg =	25 %	Das sind 25 %.
27 € von 180 € =	15 %	Das sind 15 %.
15 kg von 30 kg =	50 %	Das sind 50 %.
28 € von 80 € =	35 %	Das sind 35 %.

9 **Hassan besucht am Wochenende den Zirkus „Zarathustra“. Der Zirkus hat insgesamt vierzig Tiere. Hassan zählt für sein Biologie-Projekt, wie viele Tiere einer Art der Zirkus besitzt. Hassan notiert sein Ergebnis in einem Säulendiagramm.**

a) Was ist in der Aufgabe und im Diagramm angegeben? Kreuze an.

☐ Prozentsatz ☒ Prozentwert ☒ Grundwert

b) Berechne die Prozentsätze, die zu den Tierarten gehören.

Tiere	Prozentsatz
Vögel	30 %
Pferde	25 %
Affen	20 %
Elefanten	10 %
Lamas	10 %
Löwen	5 %

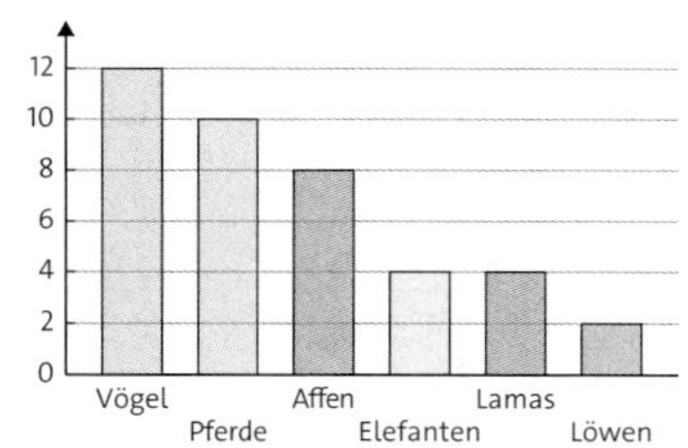

Starthilfe: „10 % der Tiere im Zirkus sind Elefanten.“

c) Schreibe Sätze zu den Tierarten in dein Heft. Das Beispiel hilft dir dabei.

der Prozentsatz, die Prozentsätze
der Zirkus, die Zirkusse
der Vogel, die Vögel
der Affe, die Affen
die Tierart, die Tierarten
das Lama, die Lamas
das Projekt, die Projekte
das Säulendiagramm, die Säulendiagramme

10 **Wie viel war es vorher? Berechne den Grundwert und beantworte die Frage.**

Tipp: Berechne den Grundwert mit dem Dreisatz im Kopf.

60 % sind 81 €.	Das Ganze sind 135 €.
55 % sind 66 €.	Das Ganze sind 120 €.
75 % sind 12 m.	Das Ganze sind 16 m.
25 % sind 52 min.	Das Ganze sind 208 min.
80 % sind 96 kg.	Das Ganze sind 120 kg.
30 % sind 18 min.	Das Ganze sind 60 min.
15 % sind 39 kg.	Das Ganze sind 260 kg.

11 **Eden und Hassan kaufen Kleidungsstücke im Sommerschlussverkauf. Alles ist reduziert.**

„Um 30 % reduziert“ Jetzt nur 40,25 €

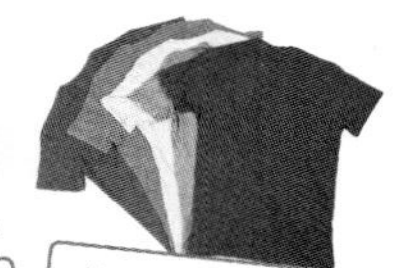

„Um 40 % reduziert“ Jetzt nur 6,90 €

„Um 25 % reduziert“ Jetzt nur 23,85 €

Vorsicht: „Um 40 % reduziert“ bedeutet, das T-Shirt kostet noch 60 % des vorherigen Preises.

a) Wie viel hat das T-Shirt vorher gekostet? Rechne mit der Formel.
Prozentwert: 6,90 € Prozentsatz: 60 % Grundwert: 11,50 €

$6{,}90\,€ : 60\,\% = 6{,}90\,€ : \frac{3}{5} = 6{,}90\,€ \cdot \frac{5}{3} = \frac{34{,}50\,€}{3} = 11{,}50\,€$

b) Wie viel hat die Hose vorher gekostet? Rechne mit dem Dreisatz.
Prozentwert: 40,25 € Prozentsatz: 70 % Grundwert: 11,50 €

: 7	70 %	sind	40,25 €	: 7
· 10	10 %	sind	5,75 €	· 100
	100 %	sind	57,50 €	

c) Wie viel haben die Schuhe vorher gekostet? Rechne mit beiden Methoden in deinem Heft.
Prozentwert: 23,85 € Prozentsatz: 75 % Grundwert: 31,80 €

der Grundwert, die Grundwerte
der Dreisatz, –
der Schuh, die Schuhe
der Sommerschlussverkauf, die Sommerschlussverkäufe
die Hose, die Hosen
das T-Shirt, die T-Shirts
um 20 % reduziert sein, er/sie ist um 20 % reduziert

Mit Zinsen arbeiten

1 **In Aufgaben zur Zinsrechnung spricht man von dem Startkapital, dem Zinssatz und den Zinsen. Hassan bringt sein Geld zur Bank. Er legt 1000 Euro auf seinem Sparkonto an.**

a) Wie viel Zinsen bekommt er in einem Jahr?
Nutze die Informationen in der Werbung der Bankfiliale.

2 % Zinssatz	von ·	1000 € Startkapital	= =	20 € Zinsen

b) Wie viel Geld ist nach diesem Jahr auf seinem Konto?

1000 € Startkapital	+ +	20 € Zinsen	= =	1020 € Endkapital

2 **Lena erkennt sofort, dass die Prozentrechnung und die Zinsrechnung ähnlich funktionieren. Verbinde die Begriffe, die zusammengehören.**

Startkapital	Prozentsatz
Zinssatz	Prozentwert
Zinsen	Grundwert

(Startkapital – Grundwert, Zinssatz – Prozentsatz, Zinsen – Prozentwert)

3 **Erfan hat 2500 € gespart. Er bringt sein Erspartes auch zur Bank.**

a) Wie viel Geld ist nach einem Jahr auf seinem Konto? Rechne wie in Aufgabe 1.

2 % Zinssatz	von ·	2500 € Startkapital	= =	50 € Zinsen
2500 € Startkapital	+ +	50 € Zinsen	= =	2550 € Endkapital

b) Wie viel Geld ist nach zwei Jahren auf seinem Konto? Achte darauf, dass sich das Startkapital verändert hat.

2 % Zinssatz	von ·	2550 € Startkapital	= =	51 € Zinsen
2550 € Startkapital	+ +	51 € Zinsen	= =	2601 € Endkapital

Merke:
Auch im zweiten Jahr bleibt der Zinssatz gleich. Im Vergleich zum ersten Jahr haben sich aber die Zinsen verändert. Man spricht vom Zinseszins.

4 **Markiere in den Textabschnitten das Startkapital, den Zinssatz, die Zinsen und das Endkapital.**

a) Amina legt 500 € auf ihrem Sparkonto an. Nach einem Jahr hat sie auf dem Konto 510 €.

b) Eden bekommt für ihr Geld bei einer jährlichen Verzinsung von 3 % ganze 50 € Zinsen.

c) Max erhält bei seiner Bank für 1000 € in einem Jahr 25 € Zinsen.

d) Hassans Bank verzinst sein Geld mit 2,5 %. Nach einem Jahr hat er 15 € mehr auf seinem Konto.

e) Lenas Startkapital ist bei einer jährlichen Verzinsung von 1,5 % auf einen Betrag von 1500 € gewachsen.

f) Erfans Startkapital ist bei einer jährlichen Verzinsung von 2 % um einen Betrag von 20 € gewachsen.

Vorsicht:
„Wachsen auf" hat eine andere Bedeutung als „wachsen um".

5 **Lenas Familie legt verschiedene Geldbeträge für ein Jahr bei unterschiedlichen Banken an.**

a) Wie viel Geld bekommt sie nach einem Jahr? Berechne das Endkapital.

1000 € bei 3,5 %:	3,5 % · 1000 € = 35 €	1000 € + 35 € = 1035 €
2500 € bei 3 %:	3 % · 2500 € = 75 €	2500 € + 75 € = 2575 €
3000 € bei 2 %:	2 % · 3000 € = 60 €	3000 € + 60 € = 3060 €

b) Wie verzinst die Bank das Geld? Berechne den Zinssatz.

Von 2000 € auf 2150 €:	2150 € – 2000 € = 150 €	150 € : 2000 € = 0,075 = 7,5 %
Von 3500 € auf 3570 €:	3570 € – 3500 € = 70 €	70 € : 3500 € = 0,02 = 2 %
Von 5000 € auf 5150 €:	5150 € – 5000 € = 150 €	175 € : 5000 € = 0,035 = 3,5 %

c) Wie viel Geld hat Lenas Familie angelegt? Berechne das Startkapital.

Bei 4,5 % 117 € Zinsen:	117 € : 4,5 % = 117 € : 0,045 = 117 000 € : 45 = 2600 €
Bei 3 % 105 € Zinsen:	105 € : 3 % = 105 € : 0,03 = 10 500 € : 3 = 3500 €
Bei 2,5 % 135 € Zinsen:	135 € : 2,5 % = 135 € : 0,025 = 135 000 € : 25 = 5400 €

d) Schreibe Antwortsätze wie in den Sätzen in Aufgabe 4 in dein Heft. Verwende verschiedene Formulierungen.

der Zinssatz, die Zinssätze
der Geldbetrag, die Geldbeträge
die Verzinsung, die Verzinsungen

der Zins, die Zinsen
das Kapital, –
das Ersparte, –

das Sparkonto, die Sparkonten
Geld anlegen, er/sie legt Geld an
verzinsen, er/sie verzinst

6 **Wie viel Zinsen bekommt man? Rechne im Kopf und Verbinde.**

Verzinsung von 5600€ bei 2,5%	117€
Verzinsung von 4500€ bei 3%	135€
Verzinsung von 7800€ bei 1,5%	126€
Verzinsung von 1800€ bei 7%	108€
Verzinsung von 2400€ bei 4,5%	140€

7 **Amina und Hassan bekommen beide zu ihrem sechzehnten Geburtstag 1000 Euro geschenkt. Amina legt das Geld bei der „Sparfuchs"-Bank, Hassan bei der „Sorglos"-Bank an.**

Sparfuchs-Bank	*Jährliche Verzinsung mit 3%*
Sorglos-Bank	*Verzinsung im 1. Jahr: 5%* *Anschließend mit 1%*

a) Wie viel Geld ist an ihrem 17. Geburtstag auf Aminas Konto? Wie viel an ihrem 18. Geburtstag? Rechne wie in Aufgabe 3. Vervollständige dann den Antwortsatz.

Nach 1 Jahr:	*3% · 1000€ = 30€*	*1000€ + 30€ = 1030€*
Nach 2 Jahren:	*3% · 1030€ = 30,90€*	*1030€ + 30,90€ = 1060,90€*

An ihrem 17. Geburtstag sind *1030* Euro auf Aminas Konto.

An ihrem 18. Geburtstag sind *1060,90* Euro auf Aminas Konto.

b) Wie viel Geld ist an seinem 17. Geburtstag auf Hassans Konto? Wie viel an seinem 18. Geburtstag? Berechne und schreibe einen Antwortsatz.

Nach 1 Jahr:	*5% · 1000€ = 50€*	*1000€ + 50€ = 1050€*
Nach 2 Jahren:	*1% · 1050€ = 10,50€*	*1050€ + 10,50€ = 1060,50€*

An seinem 17. Geburtstag *sind 1030 Euro auf Hassans Konto.*

An seinem 18. Geburtstag sind 1060,50 Euro auf Hassans Konto.

c) Eden überlegt, bei welcher der beiden Banken sie ihr Geld für zwei Jahre anlegen soll. Lena berät sie, für welche Bank sie sich entscheiden soll. Vervollständige ihre Begründung.

„Entscheide dich für die *„Sparfuchs"*-Bank. Dort sind die *Zinsen* im ersten Jahr zwar niedriger, aber das *Endkapital* ist nach zwei Jahren höher."

der Geburtstag, die Geburtstage — die Begründung, die Begründungen — die Verzinsung, die Verzinsungen — die Bank, die Banken — das Konto, die Konten — jährlich, pro Jahr — raten, er/sie rät — sich entscheiden, er/sie entscheidet sich

Den Dreisatz an anderer Stelle verwenden

Du kannst mit dem Dreisatz nicht nur den Grundwert oder das Startkapital berechnen. Der Dreisatz ist auch bei vielen anderen Aufgaben hilfreich.

1 **Hassan fährt mit seinem Fahrrad. Er benötigt für 39 Kilometer 3 Stunden. Wie weit kann Hassan in 5 Stunden fahren? Berechne und schreibe einen Antwortsatz.**

	3 h	für	39 km	
: 3	1 h	für	13 km	: 3
· 5	5 h	für	65 km	· 5

Hassan kann *in 5 Stunden 65 Kilometer mit dem Fahrrad fahren.*

2 **Lena kauft Hefte für das nächste Schuljahr. Fünf Hefte kosten 3,95€. Weil sie nur drei Hefte braucht, verkauft sie zwei Hefte an Max. Wie viel muss Max bezahlen? Berechne und schreibe einen Antwortsatz.**

	5 Hefte	für	*3,95* €	
: 5	1 Heft	für	*0,79* €	: 5
· 2	2 Hefte	für	*1,58* €	· 2

Max *muss 1,58€ an Lena bezahlen.*

3 **Am Montag säubern Erfan, Lena, Eden, Max und Hassan das Klassenzimmer in zwei Stunden. Am Freitag ist Eden krank. Wie lange brauchen die vier Kinder, um das Klassenzimmer zu säubern? Berechne und schreibe einen Antwortsatz.**

	5 Kinder	für	2 h	
: 5	1 Kind	für	10 h	· 5
· 4	4 Kinder	für	2,5 h	: 4

Die vier Kinder *brauchen 2,5 Stunden, um das Klassenzimmer zu säubern.*

der Dreisatz, – — das Startkapital, – — das Fahrrad, die Fahrräder — das Heft, die Hefte — das Schuljahr, die Schuljahre — das Schulhaus, die Schulhäuser — säubern, er/sie säubert — krank sein, er/sie ist krank

1 Markiere in den Textaufgaben den Grundwert, den Prozentsatz und den Prozentwert farbig. Berechne jeweils die fehlende Größe in deinem Heft.

a) Ein Pullover kostet 30€. Im Schlussverkauft ist er um 15% reduziert.
b) Für das Klassenfest hat Hassans Mutter in diesem Jahr 20 Liter Apfelsaft gekauft. Im letzten Jahr hat sie 10% weniger gekauft.
c) Für das Schulfest hat Erfans Mutter in diesem Jahr 20 Liter Apfelsaft gekauft. Das sind 10% mehr als im letzten Jahr.
d) Ein Bekleidungsgeschäft verlangt im Schlussverkauf für eine Hose 40€. Vorher hat sie 55€ gekostet.
e) Ein Film dauert 120 Minuten. Im Kino dauert er mit Werbung 135 Minuten.
f) Auf Äpfel zum Preis von 99 Cent gibt der Supermarkt einen Rabatt von 20%.

2 Berechne den fehlenden Wert und schreibe ihn in die Tabelle.

Grundwert	345	380	720	516	640
Prozentsatz	20%	15%	45%	75%	90%
Prozentwert	69	57	324	387	576

Startkapital	5760€	7275€	6800€	3450€	4880€
Zinssatz	2,5%	4%	3,5%	2%	5%
Zinsen	144€	291€	238€	69€	244€
Endkapital	5904€	7566€	7038€	3519€	5124€

3 Eden arbeitet in einem Bekleidungsgeschäft. Sie fertigt für den Schlussverkauf eine Tabelle an. In die Tabelle trägt sie die Anzahl der Kleidungsstücke im Lager ein.

a) Wie viele Kleidungsstücke sind insgesamt im Lager? Vervollständige die Tabelle.
b) Fertige ein Kreisdiagramm wie auf Seite 7 an.

Kleidungsstück	Anzahl	Anteil in %
Hose	160	40%
T-Shirt	80	20%
Pulli	120	30%
Schuhe	40	10%

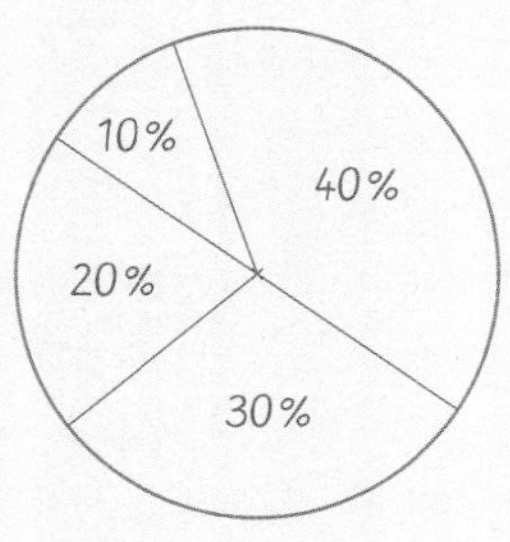

das kann ich gut – das kann ich einigermaßen – das muss ich noch üben

1 Welches Rechengesetz wurde in den Aufgaben verwendet? Ordne zu.

- ▲ + ● = ● + ▲
- ● · ■ − ▲ · ■ = (● − ▲) · ■
- ● · ▲ · ■ = ● · (▲ · ■)
- ■ · ▲ = ▲ · ■
- (■ + ●) · ▲ = ■ · ▲ + ● · ▲
- ▲ · ■ · ● = ▲ · (■ · ●)

Assoziativgesetz Verbindungsgesetz
Kommutativgesetz Vertauschungsgesetz
Distributivgesetz Verteilungsgesetz

- 38 · 4 = 30 · 4 + 8 · 4
- 13 + 6 = 6 + 13
- 34 · 7 · 5 = 34 · (7 · 5)
- 14 · 9 = 9 · 14
- 13 · 2 · 3 = 13 · 6
- 50 · 4 − 3 · 4 = 47 · 4

2 Anders und doch gleich? Terme können in äquivalente Terme umgeformt werden. Das bedeutet, dass man einen Term unterschiedlich darstellen kann. Verbinde die Terme, die zusammengehören.

- $(2x + 7) \cdot 3 =$
- $4x - 20 =$
- $x + 3x - 7 =$
- $x^2 + 2x =$
- $3x - (2x + 1) =$

- $4x - 7$
- $x - 1$
- $4 \cdot (x - 5)$
- $x \cdot (x + 2)$
- $6x + 21$

3 Ein Term kann eine Summe sein, kann eine Differenz sein, kann ein Produkt sein oder ein Term kann ein Quotient sein. Die Rechnung, die du bei einem Term als Letztes durchführst, gibt dem Term seinen Namen. Benenne die Terme.

$(8x - 12 + 3x) \cdot 4$	Der Term ist ein Produkt.
$(19x - 7) + 3x$	Der Term ist eine Summe.
$25 - 17x \cdot 3$	Der Term ist eine Differenz.
$2x \cdot 4 - 5x \cdot 3$	Der Term ist eine Differenz.
$(12x - 4) : 4$	Der Term ist ein Quotient.

4 Amina kauft jede Woche Obst auf dem Markt ein. Ein Apfel kostet 0,79€, eine Birne 0,55€ und eine Orange 0,98€. Welcher Term gehört zu welchem Einkauf? Ordne zu und verbinde.

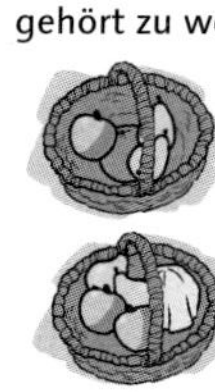

- 1 · 0,79 + 2 · 0,55 + 1 · 0,98
- 2 · 0,79 + 3 · 0,55 + 1 · 0,98
- 3 · 0,79 + 1 · 0,55 + 3 · 0,98
- 2 · 0,79 + 2 · 0,55 + x · 0,98
- x · 0,79 + 2 · 0,55 + 2 · 0,98

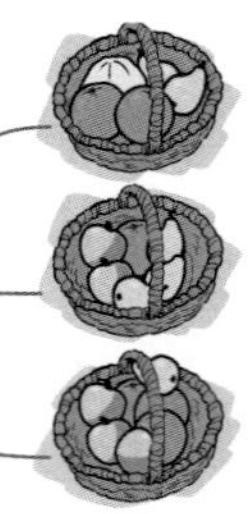

der Quotient, die Quotienten
die Summe, die Summen
die Differenz, die Differenzen
das Produkt, die Produkte

der Apfel, die Äpfel
die Birne, die Birnen
die Orange, die Orangen

äquivalente Terme
umformen, er/sie formt um

Mit Klammern rechnen

1 **Früher hat sich Eden Rechengesetze mit Zahlenbeispielen gemerkt. Jetzt merkt sie sich lieber Terme mit Variablen. Verbinde die Terme mit äquivalenten Termen.**

Kommutativgesetz/Vertauschungsgesetz:
$x + y =$
$x \cdot y =$
Assoziativgesetz/Verbindungsgesetz:
$(x + y) + z =$
$(x \cdot y) \cdot z =$
Distributivgesetz/Verteilungsgesetz:
$x \cdot (y + z) =$
$(x - y) : z =$

$x + (y + z)$
$x : z - y : z$
$x \cdot y + x \cdot z$
$x \cdot (y \cdot z)$
$y + x$
$y \cdot x$

2 **Hassan schreibt Terme gerne so kurz wie möglich. Lena multipliziert die Terme lieber aus. Beide verwenden dafür das Distributivgesetz für mehr als zwei Summanden. Ergänze die fehlenden Terme.**

Merke: Gleiche Variablen werden zusammengefasst.

Ausmultiplizieren →

$a \cdot (x + 2y + a)$	=	$ax + a \cdot 2y + a \cdot a = ax + 2ay + a^2$
$3 \cdot (t^2 + 2c + 4x)$	=	$3t^2 + 6c + 12x$
$x \cdot (3y + 2z + a)$	=	$3xy + 2xz + ax$

← Ausklammern

3 **Beim Multiplizieren von Summen wird jedes Glied im ersten Faktor mit jedem Glied im zweiten Faktor multipliziert. Unterstreiche mit den beiden passenden Farben.**

$(a + 2) \cdot (a - 3) = a^2 + 2a - 3a - 6 = a^2 - a - 6$

$(x - 3y) \cdot (2x + y) = 2x^2 + xy - 6xy - 3y^2 = 2x^2 - 5xy - 3y^2$

Vorsicht: Achte auf die Vorzeichen.

4 **Wenn du Terme umformst, können dir die binomischen Formeln helfen. Du kannst dir die binomischen Formeln auch gut mit Bildern merken.**

a) Rechne die 2. und 3. binomische Formel nach.

b) Zeichne ähnliche Bilder für die Formel in dein Heft.

1. binomische Formel: $(x + y)^2 = x^2 + 2xy + y^2$

Begründung: $(x + y)^2 = (x + y) \cdot (x + y)$
$= x \cdot x + x \cdot y + y \cdot x + y \cdot y$
$= x^2 + 2xy + y^2$

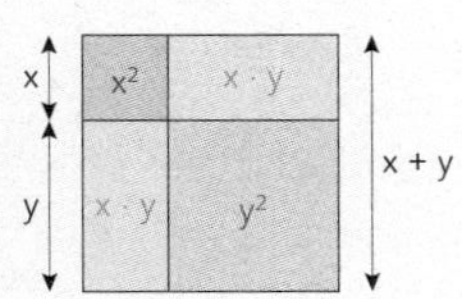

2. binomische Formel: $(x - y)^2 = x^2 - 2xy + y^2$
3. binomische Formel: $(x + y) \cdot (x - y) = x^2 - y^2$

5 **Welches Rechengesetz wird verwendet, um die Terme umzuformen?**

a) Notiere **K**ommutativgesetz, **A**ssoziativgesetz oder **D**istributivgesetz über dem Gleichheitszeichen.

$x + 4 + x - 2 \overset{K}{=} x + x + 4 - 2 \overset{A}{=} (x + x) + (4 - 2) = 2x + 2$

$5a + (12 - 3a) \overset{A}{=} 5a + 12 - 3a \overset{K}{=} 5a - 3a + 12 \overset{D}{=} (5 - 3)a + 12 = 2a + 12$

$3 + 4x - 2 - 2x \overset{K}{=} 3 - 2 + 4x - 2x \overset{D}{=} 1 + (4 - 2)x = 1 + 2x$

$3x + 4y - 5x \overset{K}{=} 4y + 3x - 5x \overset{D}{=} 4y + (3 - 5)x = 4y - 2x$

$(19x - 4) + (3x + 2) \overset{A}{=} 19x - 4 + 3x + 2 \overset{K}{=} 19x + 3x - 4 + 2 \overset{D}{=} (19 + 3)x - 2 = 22x - 2$

b) Welche Rechengesetze verwendest du zum Umformen? Schreibe ganze Sätze in dein Heft.

Zuerst		
Danach	verwende ich	das Vertauschungsgesetz.
Anschließend	nutze ich	das Verbindungsgesetz.
Zum Schluss	benutze ich	das Verteilungsgesetz.
Zuletzt		

6 **Multipliziere die Terme aus.**

$(2x - y) \cdot 3 =$	$6x - 3y$
$a \cdot (2 - 3x) =$	$2a - 3ax$
$x \cdot (2x + 3y + 4) =$	$2x^2 + 6xy + 4x$
$(a + 4) \cdot (5 - a) =$	$5a - a^2 + 20 - 4a = -a^2 + a + 20$
$(2a + b) \cdot (a \cdot 3b) =$	$2a^2 - 6ab + ab - 3b^2 = 2a^2 - 5ab - 3b^2$
$(-x + 3y) \cdot (2a + b) =$	$-2ax - bx + 6ay + 3by$

7 **Faktorisiere die Terme. Das heißt: Schreibe die Terme als Produkt. Klammere aus.**

$5x - 5y =$	$5(x - y)$
$15x + 3y =$	$3(5x + y)$
$2a + 3ab - a^2 =$	$a(2 + 3b - a)$
$12a^2b^3 - 8a^3b^2 =$	$3a^2b^2(4b - 2a)$

der Term, die Terme
das Rechengesetz, die Rechengesetze

umformen, er/sie formt um
ausklammern, er/sie klammert aus

ausmultiplizieren, er/sie multipliziert aus
faktorisieren, er/sie faktorisiert

8 **Schreibe die Terme mit Symbolen auf und vereinfache sie dann.**

a) Addiere die Differenz von 5a und 6b zu 19a.

$19a + (5a - 6b) = 19a + 5a - 6b = 24a - 6b = 6(4a - b)$

b) Subtrahiere die Summe aus 3x und 7y von 10x.

$10x - (3x + 7y) = 10x - 3x - 7y = 7x - 7y = 7(x - y)$

c) Subtrahiere die Differenz von 3a und 4b von der Summe aus 5a und 2b.

$(5a + 2b) - (3a - 4b) = 5a + 2b - 3a + 4b = 2a + 6b = 2(a + 3b)$

9 **Schreibe die Terme in symbolischer Schreibweise auf. Multipliziere dann die Klammern aus.**

a) Multipliziere die Differenz von 5x und 4y mit der zweiten Potenz von x.

$(5x - 4y) \cdot x^2 = 5x^3 - 4x^2y$

b) Multipliziere die Summe aus 3a und 7b mit der Summe aus 2a und 3b.

$(3a + 7b) \cdot (2a + 3b) = 6a^2 + 9ab + 14ab + 21b^2 = 6a^2 + 23ab + 21b^2$

c) Multipliziere die Differenz von 2x und 5y mit der Summe aus 3x und der zweiten Potenz von y.

$(2x - 5y) \cdot (3x + y^2) = 6x^2 + 2xy^2 - 15xy - 5y^3$

10 **Schreibe die Terme in Wortform auf. Nutze dafür die Satzschalttafel. Vereinfache die Terme dann.**

Addiere	die Summe aus …	zu	der Summe von … .
Subtrahiere		von	
Multipliziere	die Differenz von …	mit	der Differenz aus … .

a) $(5x - 7y) + (3x + 10y) = 8x + 3y$

Addiere die Summe aus 3x und 10y zu der Differenz aus 5x und 7y.

b) $(4a + b) - (19a - 5b) = 4a + b - 19a + 5b = 6b - 15a = 3(2b - 5a)$

Subtrahiere die Differenz von 19a und 5b von der Summe aus 4a und b.

c) $(3x + 2y) \cdot (4x - 8y) = 12x^2 - 24xy + 8xy - 16y^2 = 12x^2 - 16xy - 16y^2$

Multipliziere die Summe aus 3x und 2y mit der Differenz aus 4x und 8y.

das Symbol, die Symbole
die symbolische Schreibweise, –
die Wortform eines Terms, –

die Summe, die Summen
die Differenz, die Differenzen
die Potenz, die Potenzen

addieren zu
subtrahieren von
multiplizieren mit

11 **Welche binomische Formel kannst du verwenden, um die Terme geschickt auszumultiplizieren? Kreuze an und multipliziere dann aus.**

		1.	2.	3.
$(3 + a)^2 =$	$9 + 6a + a^2$	X		
$(x - 4)^2 =$	$x^2 - 8x + 16$		X	
$(a + 1{,}5)^2 =$	$a^2 + 3a + 2{,}25$	X		
$(0{,}5b - 7) \cdot (0{,}5b + 7) =$	$0{,}25b^2 - 49$			X
$(3x - 4y)^2 =$	$9x^2 + 24xy + 16y^2$		X	

12 **Welche binomische Formel kannst du verwenden, um die Terme geschickt zu faktorisieren? Kreuze an und klammere dann aus.**

		1.	2.	3.
$4a^2 - 12ab + 9b^2 =$	$(2a - 3b)^2$		X	
$x^2 + 32x + 256 =$	$(x + 16)^2$	X		
$x^2 - 1 =$	$(x + 1) \cdot (x - 1)$			X
$x^4 + 2x^2y^3 + y^6 =$	$(x^2 + y^3)^2$	X		
$0{,}81 - y^2 =$	$(0{,}9 - y) \cdot (0{,}9 + y)$			X

13 **Schreibe alle Terme in den Aufgaben 11 und 12 in Wortform in dein Heft.**

a) Nutze für die ausgeklammerten Terme die Satzschalttafel.

Quadriere	die Summe von … .
	die Differenz aus … .
Multipliziere	die Summe und die Differenz aus … .

b) Notiere daneben auch die Wortform der ausmultiplizierten Terme.

14 **Quadriere die großen Zahlen ohne Taschenrechner. Verwende die binomischen Formeln.**

$43^2 = (40 + 3)^2 = 40^2 + 2 \cdot 40 \cdot 3 + 3^2 = 1600 + 240 + 9 = 1849$

$77^2 = (70 + 7)^2 = 70^2 + 2 \cdot 70 \cdot 7 + 7^2 = 4900 + 980 + 49 = 5929$

$82^2 = (80 + 2)^2 = 80^2 + 2 \cdot 80 \cdot 2 + 2^2 = 6400 + 320 + 4 = 6724$

$55^2 = (50 + 5)^2 = 50^2 + 2 \cdot 50 \cdot 5 + 5^2 = 2500 + 500 + 25 = 3025$

die binomische Formel,
die binomischen Formeln

quadrieren, er/sie quadriert

ausklammern, er/sie klammert aus
ausmultiplizieren, er/sie multipliziert aus
faktorisieren, er/sie faktorisiert

Terme aufstellen, beschreiben und interpretieren

1 **Amina schließt einen neuen Vertrag für ihr Handy ab. Die Grundgebühr beträgt 5 € pro Monat. Jede angefangene Gesprächsminute eines Telefonates kostet 15 Cent.**

a) Aminas monatliche Kosten kann man mit einem Term berechnen. Trage die richtigen Begriffe in die Kästchen ein.

(B) *monatliche Kosten* — (A) *Anzahl der Gesprächsminuten*

T(n) = 5 + 0,15 · n

(C) *Grundgebühr* — (D) *Preis pro Minute*

(A) Anzahl der Gesprächsminuten
(B) monatliche Kosten
(C) Grundgebühr
(D) Preis pro Minute

b) Amina möchte wissen, wie viel sie bezahlen muss, wenn sie 5, 10, ... Minuten telefoniert. Berechne die Termwerte und fülle die Tabelle aus.

	5	10	15	20	25	30
T(n)	5,75	6,5	7,25	8	8,75	9,5

c) Max ist schon länger Kunde bei der Telefongesellschaft.
Er hat denselben Vertrag wie Amina. Aber bei Max wird sekundengenau abgerechnet. Die Terme für die monatlichen Kosten sehen ähnlich aus:

Amina: T(n) = 5 + 0,15 · n $n \in \mathbb{N}^+$
Max: T(q) = 5 + 0,15 · q $q \in \mathbb{Q}^+$

Der Zahlenbereich, aus dem die Variable kommen kann, heißt Definitionsmenge.
Bilde zwei korrekte Sätze.

Werden	volle	Minuten abgerechnet,	positive	ganze	Zahlen
	auch Bruchteile von	dann dürfen für n	negative	rationale	eingesetzt werden.

d) Eden muss bei ihrem Handyvertrag nur 2 Euro als Grundgebühr bezahlen. Dafür berechnet ihre Telefongesellschaft 0,25 Euro für jede angefangene Gesprächsminute und 30 Cent pro SMS.

Um einen Term für Edens monatliche Kosten aufzustellen, brauchst du zwei Variablen: Eine Variable x für die Gesprächsminuten und eine Variable y für die Anzahl der SMS. Ergänze den Term T(x,y).

Vorsicht:
Gib in der Aufgabe alle Preise in Euro an.

T(x, y) = [0,25 · x] + [0,3 · y] + [2]

Kosten — Gesprächsminuten — SMS — Grundgebühr

2 **Welche Anweisung gehört zu welchem Term? Verbinde.**

- Subtrahiere 3 von einer Zahl und multipliziere das Ergebnis mit 4.
- Multipliziere eine Zahl mit 4 und subtrahiere davon 3.
- Subtrahiere eine Zahl von 3 und multipliziere das Ergebnis mit 4.
- Multipliziere eine Zahl mit 4 und subtrahiere das Ergebnis von 3.
- Subtrahiere das Produkt von 3 und einer Zahl von 4.
- Multipliziere die Differenz von einer Zahl und 4 mit 3.

- T(a) = 4 · a − 3
- T(b) = 4 − 3 · b
- T(c) = 3 − 4 · c
- T(d) = (d − 3) · 4
- T(e) = (e − 4) · 3
- T(f) = (3 − f) · 4

3 **In der Tabelle sind die Werte für die Variable x angegeben. Ergänze die Termwerte für die Terme $T_1(x) = x + 4$, $T_2(x) = (x - 1) \cdot 3$ und $T_3(x) = x^2 - x$.**

x	0	1	2	3	5	10
$T_1(x)$	4	5	6	7	9	14
$T_2(x)$	-3	0	3	6	12	27
$T_3(x)$	0	0	2	6	20	90

4 **Stelle zu den Anweisungen einen Term mit der Variable x auf. Kreuze die richtige Definitionsmenge des Terms an.**

a) Addiere 5 zum Dreifachen einer natürlichen Zahl.
$T(x) = 3x + 5$ x ∈ ℕ [X] x ∈ ℚ [ ]

b) Quadriere die Differenz von 3 und einer rationalen Zahl.
$T(x) = (3 - x)^2$ x ∈ ℕ [ ] x ∈ ℚ [X]

c) Subtrahiere das Produkt aus einer natürlichen Zahl und 5 von 7.
$T(x) = 7 - 5x$ x ∈ ℕ [X] x ∈ ℚ [ ]

d) Dividiere eine natürliche Zahl durch die Summe von 3 und der Zahl.
$T(x) = x : (3 + x)$ x ∈ ℕ [X] x ∈ ℚ [ ]

e) Subtrahiere 4 vom Quadrat der Summe von 3 und einer rationalen Zahl.
$T(x) = (3 + x)^2 - 4$ x ∈ ℕ [ ] x ∈ ℚ [X]

f) Subtrahiere die Summe der Quadrate von 3 und einer rationalen Zahl von 4.
$T(x) = 4 - (3^2 + x^2)$ x ∈ ℕ [ ] x ∈ ℚ [X]

der Term, die Terme
der Termwert, die Termwerte
die Anweisung, die Anweisungen

die Variable, die Variablen
die Definitionsmenge, die Definitionsmengen

einen Term aufstellen, er/sie stellt einen Term auf

5 **Welcher Term gehört zu welcher Situation? Notiere die Nummer des Terms neben die Aufgaben.**

a) Edens Familie kauft ein rechteckiges Grundstück. Ein Zaun soll um das Grundstück herum gebaut werden. T_3

b) Lenas Bergtour beginnt auf einer Höhe von 520 Metern. Sie schafft 250 Höhenmeter in einer Stunde. T_2

c) Aminas Internet-Anbieter berechnet für den Anschluss monatlich 19,95 Euro und für je 1 GB Datentransfer einen Zuschlag von 5 Euro. T_1

d) Hassans Handy-Anbieter verlangt für seinen Tarif eine monatliche Grundgebühr von 15 € sowie 19 ct pro SMS und 29 ct pro Gesprächsminute. T_5

e) Erfans Handy-Anbieter verlangt für einen Flatrate-Tarif eine monatliche Grundgebühr von 49,95 €. Es sind 1 GB Datenvolumen enthalten. Wenn Erfan dieses Datenvolumen überschreitet, dann wird seine Geschwindigkeit reduziert. T_4

$T_1(x) = 19{,}95 + 5x$ | $T_2(x) = 520 + 250x$ | $T_3(x,y) = 2 \cdot (x + y)$

$T_4(x) = 49{,}95$ | $T_5(x,y) = 15 + 0{,}19 \cdot x + 0{,}29 \cdot y$

6 **In den Aufgaben führen verschiedene Terme zum Ziel. Die Variable kann immer zwei unterschiedliche Bedeutungen haben. Kreuze die richtige Bedeutung der Variable an.**

a) Amina sammelt 10 Euro mehr für das Tierheim als Eden. Der Term $T(x) = x + (x - 10)$ gibt an, wie viel Geld sie zusammen gesammelt haben.
- [X] Die Variable beschreibt das Geld, das Amina sammelt.
- [ ] Die Variable beschreibt das Geld, das Eden sammelt.

b) Die Länge eines Rechtecks ist doppelt so lang wie seine Breite. Der Term $T(x) = (2x) \cdot x$ gibt den Flächeninhalt des Rechtecks an.
- [ ] Die Variable beschreibt die Länge des Rechtecks.
- [X] Die Variable beschreibt die Breite des Rechtecks.

c) Hassan hebt beim Gewichtheben 5 kg weniger als Erfan. Der Term $T(x) = x + (x + 5)$ gibt an, welches Gewicht sie gemeinsam heben können.
- [X] Die Variable beschreibt das Gewicht, das Hassan heben kann.
- [ ] Die Variable beschreibt das Gewicht, das Erfan heben kann.

d) Die Grundlinie eines Dreiecks ist ein Drittel mal so lang wie seine Höhe. Der Term $T(x) = \frac{1}{2} \cdot x \cdot \left(\frac{1}{3} \cdot x\right)$ gibt den Flächeninhalt des Dreiecks an.
- [ ] Die Variable beschreibt die Länge der Grundlinie.
- [X] Die Variable beschreibt die Länge der Höhe.

e) Wie lauten die anderen Terme? Verwende jeweils die andere Bedeutung der Variable. Schreibe die Terme in dein Heft.

der Höhenmeter, die Höhenmeter; der Datentransfer, –; der Zuschlag, die Zuschläge; der Anbieter, die Anbieter; die Bergtour, die Bergtouren; die Grundgebühr, die Grundgebühren; die Gesprächsminute, die Gesprächsminuten; das Grundstück, die Grundstücke; das Datenvolumen, –; das Tierheim, die Tierheime; das Gewichtheben, –

7 **Man kann die Anzahl der Kinder einer Schulklasse mit den Termen T(j) berechnen. Dabei beschreibt die Variable j, wie viele Jungen in die Klasse gehen. Schreibe auf, was du über die Anzahl der Mädchen in den Klassen sagen kannst.**

a) $T(j) = 2 \cdot j$ — *In die Klasse gehen genauso viele Jungen wie Mädchen.*

b) $T(j) = j + 8$ — *In die Klasse gehen genau 8 Mädchen.*

c) $T(j) = j + 2j$ — *In die Klasse gehen doppelt so viele Mädchen wie Jungen.*

d) $T(j) = j + (j + 2)$ — *In die Klasse gehen 2 Mädchen mehr als Jungen.*

e) $T(j) = j + 0{,}5 \cdot j$ — *In die Klasse halb so viele Mädchen wie Jungen.*

8 **Lena will aus rechteckigem Papier offene Schachteln basteln. Das Papier ist 30 cm lang und 20 cm breit. Sie schneidet dazu die Seiten wie im Bild ein und klappt sie nach oben.**

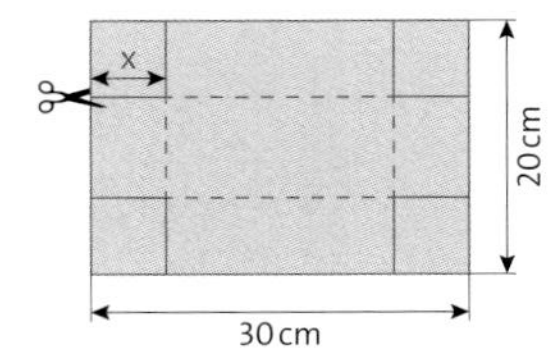

a) Wie lang, wie hoch und wie breit ist der Quader? Verwende die Variable x. Die Variable x beschreibt, wie weit Lena das Papier einschneidet. Nutze die Skizze als Hilfe.

$l = 30 - 2x$ $b = 20 - 2x$ $h = x$

b) Stelle einen Term für das Volumen der Schachtel auf. Der Term enthält nur die Variable x. Multipliziere den Term aus.

$T(x) = l \cdot b \cdot h = (30 - 2x) \cdot (20 - 2x) \cdot x =$
$= (600 - 60x - 40x + 4x^2) \cdot x = 4x^3 - 100x^2 + 600x$

c) Welche Zahlen darf man für x einsetzen? Überlege und schreibe einen Antwortsatz.

Für x dürfen rationale Zahlen größer als 0 und kleiner als 10 eingesetzt werden.

d) Berechne den Wert des Terms T für verschiedene Werte von x mit dem Taschenrechner und fülle die Tabelle aus.

x	1	3	5	7	9
T(x)	504	1008	1000	672	216

e) Lena behauptet: „Wenn ich das Papier 3 cm einschneide, erhalte ich die größten Schachteln." Begründe, warum ihre Aussage falsch ist.

Setzt man in den Term T(x) in Teil b) den Wert 4 für x ein, so erhält man ein größeres Volumen für die Schachtel, als wenn man den Wert 3 einsetzt.

der Quader, die Quader; der Taschenrechner, die Taschenrechner; die Anzahl, die Anzahlen; die Schachtel, die Schachteln; das Volumen, die Volumina; rechteckig; offen; groß, größer, am größten; einschneiden, er/sie schneidet ein; nach oben klappen, er/sie klappt nach oben

1 Verbinde jeweils zwei äquivalente Terme.

$(2x - 3) \cdot (7 + 3x)$	$x^4 - 16$
$(9x - 4) \cdot (9x + 4)$	$4x^2 - 16x + 16$
$(3x + 12)^2$	$81x^2 - 16$
$(4 - 5x) \cdot (7 - 4x)$	$9x^2 + 72x + 144$
$(x^2 - 4) \cdot (x^2 + 4)$	$20x^2 - 51x + 28$
$(4 - 2x)^2$	$6x^2 + 5x - 21$

2 Schreibe die Wortform der Terme auf und multipliziere sie aus.

a) $(8 + 13x) \cdot (5x + 2) = 65x^2 + 66x + 16$

Multipliziere die Summe aus 8 und dem Dreizehnfachen einer Zahl mit der Summe aus dem Fünffachen dieser Zahl und 2.

b) $(7y + 11) \cdot (4 - 13y) = -91y^2 - 115y + 44$

Multipliziere die Summe aus dem Siebenfachen einer Zahl und 11 mit der Differenz von 4 und dem Dreizehnfachen dieser Zahl.

3 Richtig oder falsch? Kreuze an.

Die Definitionsmenge eines Terms gibt an, welche Zahlen man für die Variable einsetzen darf.	[X] richtig	[ ] falsch
Es gibt vier binomische Formeln.	[ ] richtig	[X] falsch
Produkte werden vor Summen berechnet.	[X] richtig	[ ] falsch
Ein Term kann mehr als eine Variable haben.	[X] richtig	[ ] falsch
Produkte werden vor Klammern berechnet.	[ ] richtig	[X] falsch
Der Wert eines Terms ist immer positiv.	[ ] richtig	[X] falsch

4 Setze den richtigen Term in die Tabelle ein. Fülle dann den Rest der Tabelle aus.

x	0	1	2	3	4	5
$T_3(x)$	0	2	6	12	20	30
$T_1(x)$	−1	1	7	17	31	49
$T_2(x)$	0	3	4	3	0	−5

$T_1(x) = 2x^2 - 1$

$T_2(x) = 4x - x^2$

$T_3(x) = x^2 + x$

das kann ich gut – das kann ich einigermaßen – das muss ich noch üben

1 Notiere jeweils die Gleichung. Gib auch die Äquivalenzumformung an.

Die Äquivalenzumformung
Wenn man auf beiden Seiten einer Gleichung die gleiche Rechenoperation durchführt, ändert sich die Lösungsmenge nicht.

~~−2x~~ − 120 : 3

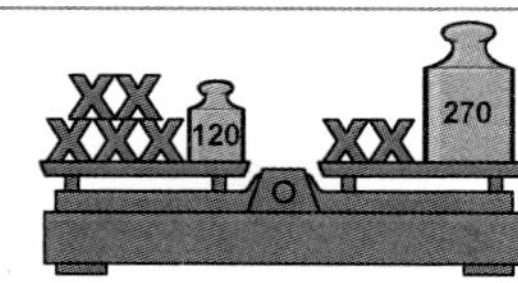

$5x + 120 = 2x + 270$ (die Gleichung)

$|-2x$ (die Äquivalenzumformung)

Die Variablen auf einer Seite sammeln:

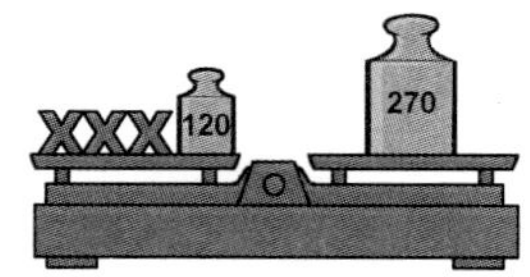

$3x + 120 = x + 270 \quad |-120$

$|-120$ (die Äquivalenzumformung)

Die Zahlen auf der anderen Seite sammeln:

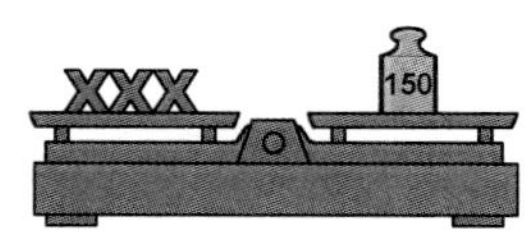

$3x = 150 \quad |:3$

$|:3$ (die Äquivalenzumformung)

Die Variable berechnen:

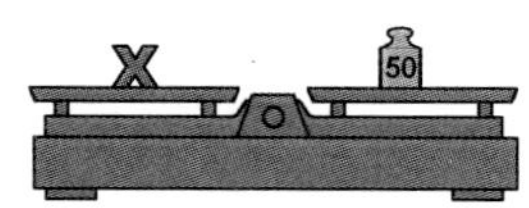

$x = 50$ (die Variable)

$L = \{50\}$. Die Lösungsmenge ist 50. (die Lösungsmenge)

2 Ordne die Formulierungen richtig zu.

(1) $x^2 = 9 \quad |\sqrt{\ }$
$x = 3$ – Auf beiden Seiten die Wurzel ziehen.

(2) $|x| = 3$
$x_1 = 3;\ x_2 = -3$ – Betrag von x ist drei.

(3) $L = \{-3;\ 3\}$ – Die Lösungsmenge ist drei und minus drei.

die Lösungsmenge, die Lösungsmengen
die Äquivalenzumformung, die Äquivalenzumformungen

die Gleichung, die Gleichungen
die Variable, die Variablen
die Wurzel, die Wurzeln

der Betrag, die Beträge
die Wurzel ziehen, er/sie zieht die Wurzel

Lineare Gleichungen und Gleichungssysteme lösen

1 Ordne die Gleichungen richtig zu.

(1)

(2)

Den Term für x aus (1) in (2) einsetzen:

- $2(3y + 5) + 45 = 5y + 70$
- $x = 3y + 5$
- $2x + 45 = 5y + 70$

2 Gleichungssystem lösen: Bringe die Sätze in die richtige Reihenfolge.

(1) $3x + 21 = 6y$
(2) $2y - 5x = 19$

(1)' $3x = 6y - 21$
$x = 2y - 7$ in (2)   } 1

(2)' $2y - 5(2y - 7) = 19$ } 2

$2y - 10y + 35 = 19$
$-8y = -16$
$y = 2$ in (1)*   } 3

(1)* $x = 2 \cdot 2 - 7$
$x = -3$ } 4

$L = \{(-3|2)\}$ } 5

- 2 Den Term für die eine Variable in die andere Gleichung einsetzen.
- 5 Die Lösungsmenge angeben.
- 3 Den Wert der zweiten Variablen ausrechnen.
- 4 Das Ergebnis verwenden, um die erste Variable zu berechnen.
- 1 Eine Gleichung nach einer Variablen auflösen.

3 Ergänze die Äquivalenzumformung. Gib die Lösungsmenge an.

a)

$7x - 8 = 17 + 2x$	$\mid -2x$	*auf beiden Seiten 2x subtrahieren*
$5x - 8 = 17$	$\mid +8$	*auf beiden Seiten 8 addieren*
$5x = 25$	$\mid :5$	*beide Seiten durch 5 dividieren*
$x = 5$ →	$L = \{5\}$	*Die Lösungsmenge ist 5.*

b)

$25 - 5x = -19 - x$	$\mid +x$	*auf beiden Seiten x addieren*
$25 - 4x = -19$	$\mid -25$	*auf beiden Seiten 25 subtrahieren*
$-4x = -44$	$\mid :(-4)$	*beide Seiten durch −4 dividieren*
$x = 11$ →	$L = \{11\}$	*Die Lösungsmenge ist 11.*

4 Beschreibe, was du machst. Verwende diese Bausteine.

angeben
sammeln
auflösen
zusammenfassen
berechnen

die Klammer
die Variable
die Zahl
auf einer Seite
die Lösungsmenge
auf der anderen Seite

a)

$8 - (11x - 13) = 5(x - 3) + 2x$	*Ich löse die Klammern auf.*
$8 - 11x + 13 = 5x - 15 + 2x$	*Ich fasse zusammen.*
$21 - 11x = 7x - 15 \quad \mid +11x$	*Ich sammle die Variablen auf einer Seite.*
$21 = 18x - 15 \quad \mid +15$	*Ich sammle die Zahlen auf der anderen Seite.*
$36 = 18x \quad \mid :18$	*Ich berechne die Variable.*
$x = 2$	*Ich gebe die Lösungsmenge an.*
$L = \{2\}$	

b)

$35x = -7(3x + 8)$	*Ich löse die Klammern auf.*
$35x = -21x - 56 \quad \mid +21x$	*Ich sammle die Variablen auf einer Seite.*
$56x = -56 \quad \mid :56$	*Ich berechne die Variable.*
$x = -1$	*Ich gebe die Lösungsmenge an.*
$L = \{-1\}$	

die Lösungsmenge, die Lösungsmengen
die Klammer, die Klammern
auf einer Seite sammeln, ich sammle auf einer Seite
zusammenfassen, ich fasse zusammen
auflösen, ich löse auf
berechnen, ich berechne
angeben, ich gebe an

5 **Kreuze die richtige Gleichung an. Löse sie in deinem Heft.**

a) Sechs Hefte kosten 3,60 Euro. Was kostet ein Heft?

- [X] $6x = 3{,}6$
- [ ] $6 + x = 3{,}6$

b) Das Dreifache einer Zahl ist um 10 größer als 26. Bestimme die Zahl.

- [ ] $3x + 10 = 26$
- [X] $3x - 10 = 26$

c) Wenn man 15 vom Fünffachen einer Zahl subtrahiert, dann ergibt sich das Zweifache der Zahl.

- [ ] $5x : 15 = 2x$
- [X] $5x - 15 = 2x$

d) Wenn eine Zahl um 25 vergrößert wird, dann ergibt sich das Gleiche, als wenn man 13 vom Doppelten der Zahl abzieht.

- [X] $x + 25 = 2x - 13$
- [ ] $x \cdot 25 = 13 - 2x$

6 **Ordne richtig zu. Löse anschließend in deinem Heft.**

a) Karl hat fünf Euro in seinem Geldbeutel. Er kauft 5 Stifte. Jetzt sind noch 2,20 Euro in seinem Geldbeutel.

b) Die Summe der Kantenlängen in einem Rechteck beträgt 50 cm. Eine Kante ist um 7 cm länger als die andere.

c) Eine Boutique hat den Preis einer Hose um 16 Euro reduziert. Jetzt kostet die Hose nur noch drei Viertel des ursprünglichen Preises.

d) Wenn man zwei gegenüberliegende Seiten eines Quadrats um 3 cm verlängert und die anderen beiden Seiten um 2 cm verkürzt, entsteht ein Rechteck mit gleichem Flächeninhalt.

e) Eine Treppe besteht aus 16 Stufen. Wenn man jede Stufe 2 cm höher baut, braucht man nur 14 Stufen. Wie hoch ist jede Stufe?

- $x - 16 = 0{,}75 \cdot x$
- $x + x + 7 = 50$
- $2x + 2(x+7) = 50$
- $x : 16 = 0{,}75 \cdot x$
- $16 \cdot x = (x + 2) \cdot 14$
- $5 - 5x = 2{,}20$
- $x \cdot x = (x - 3)(x + 2)$
- $(x + 3)(x - 2) = x \cdot x$

die Hose, die Hosen
die Boutique, die Boutiquen
die Kante, die Kanten
das Heft, die Hefte
das Quadrat, die Quadrate
das Rechteck, die Rechtecke
der Geldbeutel, die Geldbeutel
der Stift, die Stifte
die Treppe, die Treppen
die Stufe, die Stufen

7 **Benenne die Variablen. Kreuze das richtige Gleichungssystem an.**

a) Zwei Kaugummis und vier Schokoriegel kosten 3,40 Euro, fünf Kaugummis und zwei Schokoriegel kosten 2,10 Euro.

Preis eines Kaugummis: k / Preis eines Schokoriegels: s

[X] (1) $2k + 4s = 3{,}4$ (2) $5k + 2s = 2{,}1$	[ ] (1) $2s + 4k = 3{,}4$ (2) $5k + 2s = 2{,}1$	[ ] (1) $2k \cdot 4s = 3{,}4$ (2) $5k \cdot 2s = 2{,}1$

b) Lenas und Max' Taschengeld von beträgt zusammen 45 Euro. Lena bekommt 7 Euro mehr Taschengeld als Max.

Höhe des Taschengelds von Lena: l / Höhe des Taschengelds von Max: m

[X] (1) $l + m = 45$ (2) $l = m + 7$	[ ] (1) $l \cdot m = 45$ (2) $l + 7 = m$	[ ] (1) $l + m = 45$ (2) $l + 7 = m$

c) Anton ist 5 Jahre älter als sein Bruder Bert. In drei Jahren wird Anton doppelt so alt sein wie Bert.

Berts Alter heute: b / Antons Alter heute: a

[ ] (1) $a + 5 = b$ (2) $a + 3 = 2 \cdot (b + 3)$	[ ] (1) $a = b + 5$ (2) $3a = 2 \cdot 3b$	[X] (1) $a - 5 = b$ (2) $a + 3 = 2 \cdot (b + 3)$

8 **Löse die Gleichungssysteme in deinem Heft. Was ist dein erster Schritt?**

ausklammern
~~auflösen~~
einsetzen
zusammenfassen

a) (1) $2g - 13 = 4h + 13$
(2) $2{,}5g - 0{,}5h = 10$

Ich löse die erste Gleichung nach g auf.

b) (1) $4c - 3d = -1$
(2) $d = 13 - 5c$

Ich setze die Gleichung für d in Gleichung (1) ein.

c) (1) $6p - 12 + 4q = 15 - 4p - 5q - 4$
(2) $2q - 3 + 4p = 5q - 6 - 2p$

Ich fasse zusammen.

d) (1) $3(x - 5) - 3y = 4(2 - y) - 19$
(2) $4y - 7(3 - 2x) + 29 = 2(2x - y)$

Ich löse die Klammern auf.

auflösen, ich löse auf
benennen, ich benenne
zusammenfassen, ich fasse zusammen
die Variable, die Variablen
das Taschengeld, –
das Alter, –
der Schokoriegel, die Schokoriegel
der Kaugummi, die Kaugummis

Quadratische Gleichungen lösen

1 **Schreibe richtige Aussagen in dein Heft. Notiere auch die Rechnung.**

a) Die Wurzel aus 49 ist 7. $\sqrt{49} = 7$
b) Aus −256 kann man keine Wurzel ziehen.
c) Die Wurzel aus 121 ist 11. $\sqrt{121} = 11$
d) Die Wurzel aus 64 ist 8. $\sqrt{64} = 8$
e) Die Wurzel aus 324 ist 18. $\sqrt{324} = 18$
f) Aus −169 kann man keine Wurzel ziehen.
g) Die Wurzel aus 144 ist 12. $\sqrt{144} = 12$

144 ~~−256~~ 121 ~~49~~ 64 −169 324

2 **Begründe.**

a) $x^2 = 16$ — hat die Lösungen −4 und +4, denn $4^2 = 16$ und $(-4)^2 = 16$
b) $x^2 = -26$ — hat keine Lösung
c) $x^2 = 81$ — hat die Lösungen −9 und +9, denn $9^2 = 81$ und $-(9)^2 = 81$
d) $x^2 = -169$ — hat keine Lösung
e) $x^2 = 361$ — hat die Lösungen −19 und +19, denn $19^2 = 361$ und $(-19)^2 = 361$

3 **Setze die Begriffe richtig ein.**

(A) *die Koeffizienten* → $ax^2 + bx + c = 0$ ← (D) *die quadratische Gleichung*

$D = b^2 - 4ac$ ← (B) *die Diskriminante*

$x_{1,2} = \frac{-b \pm \sqrt{b^2 - 4ac}}{2a}$ ← (C) *die Lösungsformel*

(A) die Koeffizienten
(B) die Diskriminante
(C) die Lösungsformel
(D) die quadratische Gleichung

4 **Bilde richtige Aussagen.**

Wenn die Diskriminante	größer als	0 ist, hat die quadratische Gleichung	keine	Lösung.
	kleiner als		eine	
	gleich		zwei	Lösungen.

Wenn die Diskriminante gleich 0 ist, hat die quadratische Gleichung eine Lösung.
Wenn die Diskriminante kleiner als 0 ist, hat die quadratische Gleichung keine Lösung.
Wenn die Diskriminante größer als 0 ist, hat die quadratische Gleichung zwei Lösungen.

5 **Gib die Koeffizienten an.**

a) $7 - 5x^2 + 3x = 0$	$a = -5$	$b = 3$	$c = 7$
b) $4x^2 - 12x = 0$	$a = 4$	$b = -12$	$c = 0$
c) $9x^2 - 4 = 0$	$a = 9$	$b = 0$	$c = -4$
d) $8x - 0{,}5 + 2x^2 = 0$	$a = 2$	$b = 8$	$c = -0{,}5$
e) $2(x^2 - 7x + 6) = 0$	$a = 1 \mid 2$	$b = -7 \mid -14$	$c = 6 \mid 12$

6 **Klammere aus und gib die Lösungsmenge an.**

a) $x^2 - 5x = 0$
$x \cdot (x - 5) = 0$ $x_1 = 0, x_2 = 5,$ $L = \{0; 5\}$

b) $2x - 8x^2 = 0$
$2x \cdot (1 - 4x) = 0$ $x_1 = 0, x_2 = \frac{1}{4}$ $L = \{0; \frac{1}{4}\}$

c) $7x = x^2$
$x^2 - 7x = 0$
$x \cdot (x - 7) = 0$ $x_1 = 0, x_2 = 7$ $L = \{0; 7\}$

~~L = {0; 5}~~
L = {−3; 2}
L = {0; 7}
L = {0; −2}
$L = \{0; \frac{1}{4}\}$

7 **Bestimme die Lösungsmenge.**

a) $x^2 - 23 = 26$ | + 23
$x^2 = 49$ | $\sqrt{\ }$
$x = \pm 7$

[X] L = {−7, 7}
[ ] L = {7}
[ ] L = { }

b) $x^2 - 196 = 0$ | + 196
$x^2 = 196$ | $\sqrt{\ }$
$x = \pm 14$

[ ] L = {14}
[ ] L = { }
[X] L = {−14, 14}

c) $x^2 + 169 = 0$
$x^2 = -169$
geht nicht

[ ] L = {−13, 13}
[X] L = { }
[ ] L = {13}

8 **Forme in ein Produkt um (= faktorisiere) und bestimme die Lösungsmenge.**

a) $x^2 - 6x + 9 = 0$	$\Leftrightarrow (x - 3)^2$	$L = \{3\}$
b) $x^2 - 121 = 0$	$(x - 11)(x + 11) = 0$	$L = \{-8; 8\}$
c) $x^2 - 4x + 4 = 0$	$(x - 2)^2 = 0$	$L = \{2\}$
d) $4x^2 + 12x + 9 = 0$	$(2x + 3)^2 = 0$	$L = \{-1; 5\}$
e) $x^2 + 64 = 0$	kann man nicht faktorisieren	

Tipp: binomische Formeln!

die Lösungsmenge, die Lösungsmengen
die binomische Formel,
die binomischen Formeln
das Produkt, die Produkte
der Koeffizient, die Koeffizienten
ausklammern, er/sie klammert aus
faktorisieren, er/sie faktorisiert

9 Berechne die Diskriminante. Wie viele Lösungen hat die Gleichung?

a) $2x^2 - 8x + 8 = 0$ $D = -8^2 - 4 \cdot 2 \cdot 8 = 0.$

Die Gleichung hat eine Lösung, weil die Diskriminante 0 ist.

b) $3x^2 - 5x + 4 = 0$ $D = (-5)^2 - 4 \cdot 3 \cdot 4 = 25 - 48 = -23$

Die Gleichung hat keine Lösung, weil die Diskriminante kleiner als 0 ist.

c) $-2x^2 - 3x + 9 = 0$ $D = (-3)^2 - 4 \cdot (-2) \cdot 9 = 9 + 72 = 81$

Die Gleichung hat zwei Lösungen, weil die Diskriminante größer als 0 ist.

10 Entscheide, welche Gleichung passt.

a) Das Quadrat einer natürlichen Zahl ist um 21 größer als das Vierfache der Zahl.

- [ ] $x^2 + 21 = 4x$
- [x] $x^2 - 21 = 4x$
- [ ] $x^2 - 21 = 4 + x$

b) Wenn man eine Zahl mit ihrer Gegenzahl multipliziert und das Vierfache der Zahl addiert, so ergibt sich −5.

- [x] $x \cdot (-x) + 4x = -5$
- [ ] $x - x + 4x = -5$
- [ ] $x \cdot (-x) = 4x - 5$

c) Wenn man zum Quadrat einer natürlichen Zahl das Dreifache der Zahl addiert, so ergibt sich eine Zahl, die um 15 größer ist als die Hälfte der Zahl.

- [ ] $x^2 + 3x + 15 = 0,5x$
- [ ] $x^2 - 3x = 0,5x + 15$
- [x] $x^2 + 3x = 0,5x + 15$

d) Wenn man 15 von dem Produkt der um 4 vergrößerten Zahl mit der um 4 verkleinerten Zahl subtrahiert, so ergibt sich 90.

- [ ] $15 - (x + 4)(x - 4) = 90$
- [ ] $(x + 4) : (x - 4) - 15 = 90$
- [x] $(x + 4)(x - 4) - 15 = 90$

die Diskriminante, die Diskriminanten
die Lösung, die Lösungen
die Gegenzahl, die Gegenzahlen

das Quadrat, die Quadrate
das Vierfache, –
das Produkt, die Produkte

addieren, er/sie addiert
multiplizieren, er/sie multipliziert
subtrahieren, er/sie subtrahiert

11 Formuliere die Terme in Worten. Verwende dazu Sätze wie in Aufgabe 10.
Löse die Gleichungen dann in deinem Heft.

a) $x(x + 3) = 18$

Wenn man eine Zahl mit der um 3 vergrößerten Zahl multipliziert, ergibt sich 18.

b) $x^2 = 2x + 15$

Das Quadrat einer Zahl ist um 15 größer als das Doppelte der Zahl.

c) $x^2 - 3x = 54$

Wenn man vom Quadrat einer Zahl das Dreifache der Zahl subtrahiert, ergibt sich 54.

12 Entscheide, wie du vorgehst, und bestimme die Lösungsmenge.

faktorisieren
ausklammern
Lösungsformel verwenden
Wurzel ziehen

a) $7x^2 - 3,5x = 0$ Ich klammere 3,5x aus.

$3,5x\,(2x - 1) = 0$ $L = \{0; 0,5\}$

b) $x^2 = 361$ Ich ziehe die Wurzel.

$|x| = 19$ $L = \{-19; 19\}$

c) $x^2 - 30x + 225 = 0$ Ich faktorisiere.

$(x - 15)^2 = 0$ $L = \{15\}$

d) $2x^2 + 10x - 28 = 0$ Ich verwende die Lösungsformel.

$x_{1,2} = \frac{-10 \pm \sqrt{100 + 4 \cdot 2 \cdot 28}}{2 \cdot 2} = \frac{-10 \pm 18}{4}$ $L = \{2; -7\}$

e) $49x^2 - 4 = 0$ Ich faktorisiere.

$(7x - 2)(7x + 2) = 0$ $L = \{\frac{2}{7}; -\frac{2}{7}\}$

13 Löse in deinem Heft und verbinde.

a) $x^2 = 6 + x$ — $L = \{2; -3\}$
b) $2x - 3 = x(x - 3)$ — $L = \{2; 3\}$
c) $x^2 + 5x + 6 = 0$ — $L = \{-3; -2\}$
d) $x(x + 1) = 6$ — $L = \{-3; 2\}$

die Lösungsmenge,
die Lösungsmengen
die Lösungsformel, –

faktorisieren, ich faktorisiere
ausklammern, ich klammere aus
die Wurzel ziehen, ich ziehe die Wurzel

formulieren, ich formuliere
verwenden, ich verwende

1 Ordne richtig zu.

a) Eden hat 6 Euro in ihrer Hosentasche. Sie kauft sich 8 Schokoriegel und hat noch 2 Euro übrig.
b) Sechs Lineale und zwei Stifte kosten 8 Euro. Sechs Stifte und zwei Lineale kosten 16 Euro.
c) Multipliziert man eine Zahl mit der um 6 vergrößerten Zahl, so ergibt sich 16.

$x(x + 6) = 16$

(1) $6x + 2y = 8$
(2) $2x + 6y = 16$

$6 - 8x = 2$

2 Welches Lösungspaar ist richtig? Rechne nach und kreuze an.

a) (1) $5a = 3 - 2b$
(2) $4b + 9a = 3$
☐ $L = \{(1|-1)\}$
☒ $L = \{(3|-6)\}$

b) (1) $m - n = 5$
(2) $m + n = 9$
☒ $L = \{(7|2)\}$
☐ $L = \{(6|1)\}$

c) (1) $0{,}5s - 6 = 2t$
(2) $7t + 15 = s$
☐ $L = \{(4|-2)\}$
☒ $L = \{(8|-1)\}$

3 Gib die Lösungsmenge an. Verwende nicht die Lösungsformel.

a) $x^2 = 324$
$|x| = 18,\ L = \{-18; 18\}$

b) $x^2 = 8x$
$x^2 - 8x = 0;\ x(x-8) = 0;\ L = \{0; 0\}$

c) $25x^2 - 10x + 1 = 0$
$(5x-1)^2 = 0\ \ L = \{\frac{1}{5}\}$

d) $x^2 - 81 = 0$
$(x+9)(x-9) = 0;\ L = \{-9; 9\}$

4 Kreuze an.

a) $3k^2 - 7k - 2 = 0$
$D = (-7)^2 - 4 \cdot 3 \cdot (-2) = 49 + 24 = 73 > 0$
☐ hat keine Lösung
☐ hat eine Lösung
☒ hat zwei Lösungen

b) $0{,}25a^2 + 3a + 9 = 0$
$D = 3^2 - 4 \cdot 0{,}25 \cdot 9 = 9 - 9 = 0$
☐ hat keine Lösung
☒ hat eine Lösung
☐ hat zwei Lösungen

c) $5x^2 - 11x + 7 = 0$
$D = 11^2 - 4 \cdot 5 \cdot 7 = 121 - 140 = -19 < 0$
☒ hat keine Lösung
☐ hat eine Lösung
☐ hat zwei Lösungen

das kann ich gut — das kann ich einigermaßen — das muss ich noch üben

1 Trage die Begriffe an den richtigen Stellen ein.

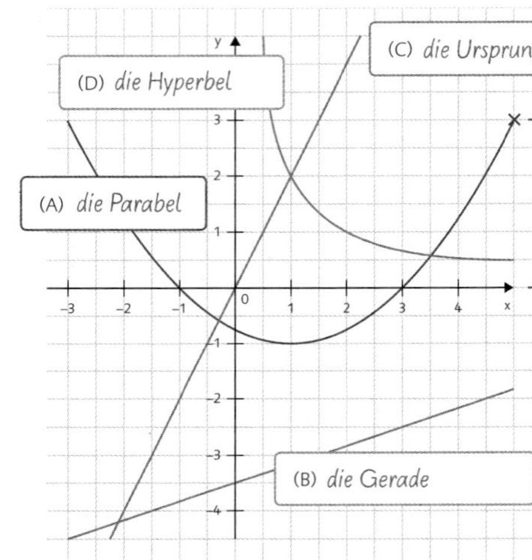

(A) die Parabel
(B) die Gerade
(C) die Ursprungsgerade
(D) die Hyperbel
(E) der Punkt auf dem Graphen
(F) der Funktionswert
(G) die lineare Funktion
(H) die quadratische Funktion

$g(x) = \frac{1}{3}x - 3{,}5$ — (G) die lineare Funktion

$h(x) = 0{,}25x^2 - 0{,}5x - 0{,}75$ — (H) die quadratische Funktion

2 Graph einer Funktion oder nicht? Kreuze an.

Eine **Funktion** ordnet jedem **x**-Wert **genau einen** y-Wert zu.

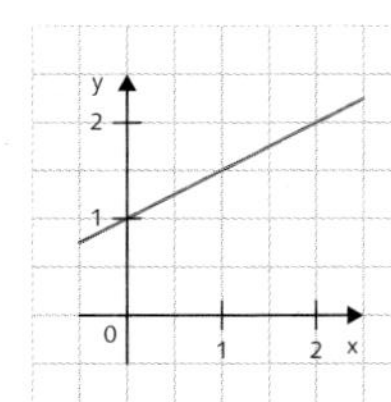
☒ Ja
☐ Nein

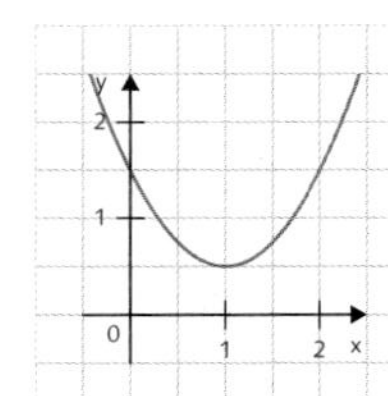
☒ Ja
☐ Nein

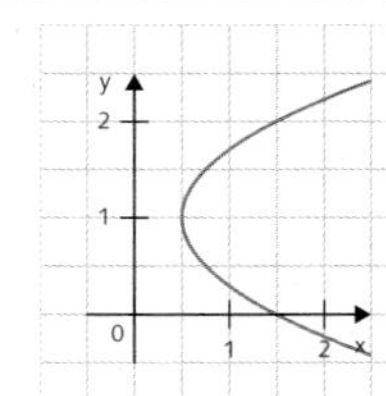
☐ Ja
☒ Nein

die Parabel, die Parabeln
die Hyperbel, die Hyperbeln
die Ursprungsgerade, die Ursprungsgeraden

die lineare Funktion, die linearen Funktionen
die quadratische Funktion, die quadratischen Funktionen

der Graph, die Graphen
der Punkt, die Punkte
der Funktionswert, die Funktionswerte

Proportionale und antiproportionale Zuordnungen analysieren

1 **Trage die Begriffe an den richtigen Stellen ein. Ergänze die Zahlenwerte.**

(B) *die proportionale Zuordnung*

(F) *die Wertetabelle*

x in kg	1	2	3	4	*8*	...
y in €	2,5	5	*7,5*	10	*20*	...

(Pfeile: · 2, · 3, · k)

(E) *der Proportionalitätsfaktor*

$\frac{y}{x} = \frac{2,5}{1} = \frac{5}{2} = \frac{\quad}{3} = \frac{10}{\quad} = \frac{\quad}{\quad} = 2,5$

(C) *die Quotientengleichheit*

(A) die Produktgleichheit
(B) die proportionale Zuordnung
(C) die Quotientengleichheit
(D) die antiproportionale Zuordnung
(E) der Proportionalitätsfaktor
(F) die Wertetabelle

2 **Trage die Begriffe an den richtigen Stellen ein. Ergänze die Zahlenwerte.**

(D) *die antiproportionale Zuordnung*

x in l/min	10	20	30	*40*	*60*	...
y in min	12	6	*4*	3	*2*	...

(Pfeile: · 2, · 3, · k; $\cdot \frac{1}{2}$, $\cdot \frac{1}{3}$, $\cdot \frac{1}{k}$)

$x \cdot y = 10 \cdot 12 = 20 \cdot 6 = 30 \cdot \underline{4} = 40 \cdot 3 = \underline{60} \cdot \underline{2} = 120$

(A) *die Produktgleichheit*

3 **Proportionalität oder nicht? Kreuze an. Schreibe eine Begründung.**

a) Radius r eines Kreises ↦ Fläche des Kreises ☐ Ja ☒ Nein
Nein, denn zum k-Fachen des Radius gehört das k^2-Fache der Fläche.

b) Radius r eines Kreises ↦ Umfang des Kreises ☒ Ja ☐ Nein
Ja, denn zum k-Fachen des Radius gehört das k-Fache des Umfangs.

c) Seitenlänge eines Quadrats ↦ Umfang des Quadrats ☒ Ja ☐ Nein
Ja, denn zum k-Fachen der Seitenlänge gehört das k-Fache des Umfangs.

d) Kantenlänge eines Würfels ↦ Volumen des Würfels ☐ Ja ☒ Nein
Nein, denn zum k-Fachen der Kantenlänge gehört das k^3-Fache des Volumens.

e) Höhe eines Baumes ↦ Länge des Schattens ☒ Ja ☐ Nein
Ja, denn zum k-Fachen der Höhe gehört das k-Fache der Länge.

f) Länge einer Metallstange ↦ Gewicht der Metallstange ☒ Ja ☐ Nein
Ja, denn zum k-Fachen der Länge gehört das k-Fache des Gewichts.

4 **Bestimme den Proportionalitätsfaktor. Ergänze die Wertetabelle.**

a) Höhe eines Baumes ↦ Länge des Schattens

h in Metern	1	2	3	*4*	*6*	8	10
l in Metern	*0,5*	*1*	1,5	2	3	*4*	*5*

b) Seitenlänge eines Quadrats ↦ Umfang des Quadrats

s in cm	2	5	10	*0,25*	*1*	*2,5*	*12,5*
U in cm	*8*	*20*	40	1	4	10	50

c) Länge einer Metallstange ↦ Gewicht der Metallstange

l in cm	1	*1,5*	5	7,5	*10*	*13,5*	15
m in g	*8*	12	40	*60*	80	108	*120*

die Seitenlänge, die Seitenlängen
die Fläche, die Flächen
die Metallstange, die Metallstangen
die Wertetabelle, die Wertetabellen

das Quadrat, die Quadrate
das Volumen, die Volumina
das Gewicht, die Gewichte

der Radius, die Radien
der Baum, die Bäume
der Schatten, die Schatten
der Proportionalitätsfaktor, –

5 **Beschrifte die Achsen und ordne die Zuordnungsvorschriften richtig zu.**

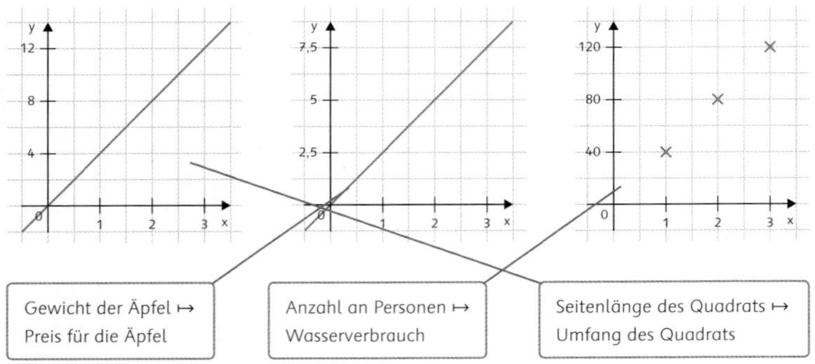

6 **Antiproportionalität oder nicht? Kreuze an. Schreibe eine Begründung.**

a) Anzahl an Personen, die sich eine Pizza teilen ↦ Menge an Pizza pro Person

[X] Ja
[ ] Nein

Ja, denn zum k-Fachen der Anzahl an Personen gehört das $\frac{1}{k}$-Fache der Menge an Pizza pro Person.

b) Geschwindigkeit, mit der ein Radfahrer eine Strecke fährt ↦ Zeit, die der Radfahrer für die Strecke benötigt

[X] Ja
[ ] Nein

Ja, denn zum k-Fachen der Geschwindigkeit gehört das $\frac{1}{k}$-Fache der Zeit die benötigt wird.

c) Anzahl der vergangenen Ferientage ↦ Anzahl der übrigen Ferientage

[ ] Ja
[X] Nein

Nein, denn zum k-Fachen der vergangenen Tage gehört nicht das $\frac{1}{k}$-Fache der übrigen Ferientage.

d) Anzahl von Bauarbeitern ↦ Zeit, die die Bauarbeiter benötigen, um eine Mauer zu bauen

[X] Ja
[ ] Nein

Ja, denn zum k-Fachen der Bauarbeiter gehört das $\frac{1}{k}$-Fache der Zeit, die benötigt wird, um eine Mauer zu bauen.

die Geschwindigkeit, die Geschwindigkeiten
die Pizza, die Pizzas
die Strecke, die Strecken
die Person, die Personen
die Anzahl, –
der Radfahrer, die Radfahrer
der Apfel, die Äpfel
der Wasserverbrauch, –
der Umfang, die Umfänge
der Ferientag, die Ferientage

7 **Eine Teststrecke für Autos hat eine Länge von 8 km.**

a) Fülle die Tabelle für die Zuordnung: Geschwindigkeit ↦ Dauer aus.

Geschwindigkeit v in km/h	10	20	40	60	80	160	240
Dauer in min	48	24	12	8	6	3	2

b) Trage die Werte in das Koordinatensystem ein.

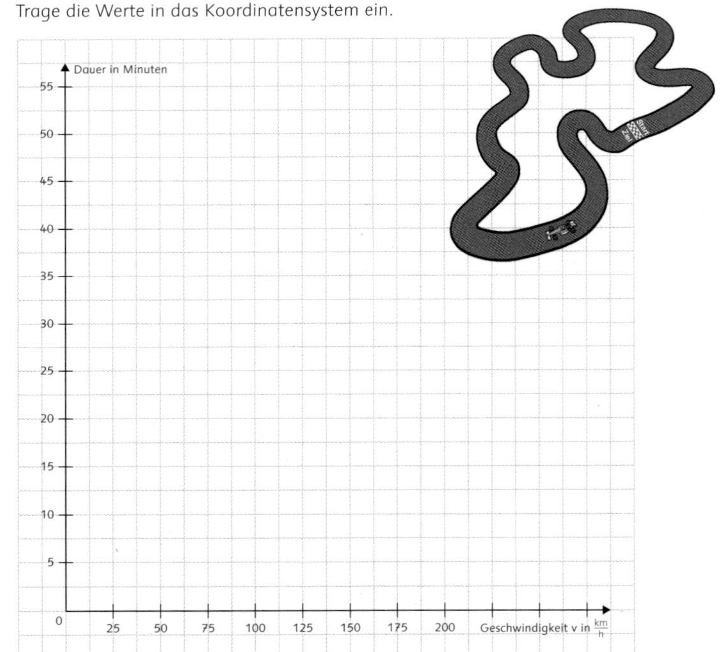

c) Schreibe ganze Sätze. Lies fehlende Werte aus dem Graphen ab.

Bei einer Geschwindigkeit von 20 km/h benötigt der Fahrer 24 Minuten.
40: Bei einer Geschwindigkeit von 40 km/h benötigt der Fahrer 12 Minuten.
60: Bei einer Geschwindigkeit von 60 km/h benötigt der Fahrer 8 Minuten.
80: Bei einer Geschwindigkeit von 80 km/h benötigt der Fahrer 6 Minuten.
120: Bei einer Geschwindigkeit von 120 km/h benötigt der Fahrer 4 Minuten.

die Teststrecke, die Teststrecken
die Geschwindigkeit, die Geschwindigkeiten
die Zuordnung, die Zuordnungen
die Dauer, –
benötigen, er/sie benötigt
das Koordinatensystem, die Koordinatensysteme
der Wert, die Werte
der Graph, die Graphen
der Fahrer, die Fahrer

Lineare Funktionen untersuchen

1 **Trage die Begriffe an den richtigen Stellen ein.**

(E) *die allgemeine Geradengleichung*

(B) *der y-Achsenabschnitt*

$y = (m)x + (t)$

(F) *die Nullstelle*

(C) *die Steigung*

(A) das Steigungsdreieck
(B) der y-Achsenabschnitt
(C) die Steigung
(D) die Funktionsgleichung
(E) die allgemeine Geradengleichung
(F) die Nullstelle

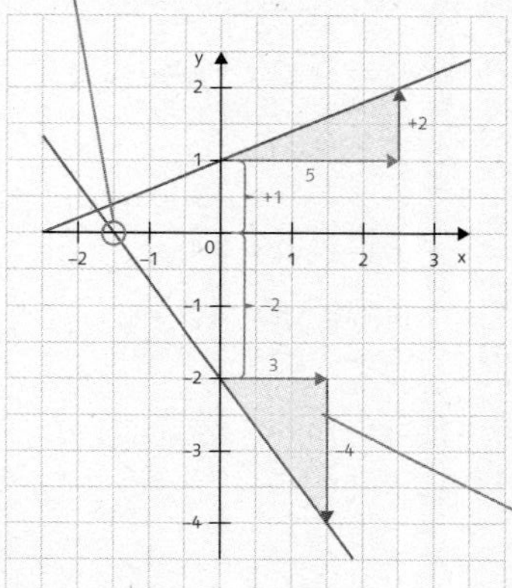

$y = (\frac{2}{5})x(+1)$

(D) *die Funktionsgleichung*

$y = (\frac{-4}{3})x(-2)$

(A) *das Steigungsdreieck*

2 **Kreuze die richtige Funktionsgleichung an.**

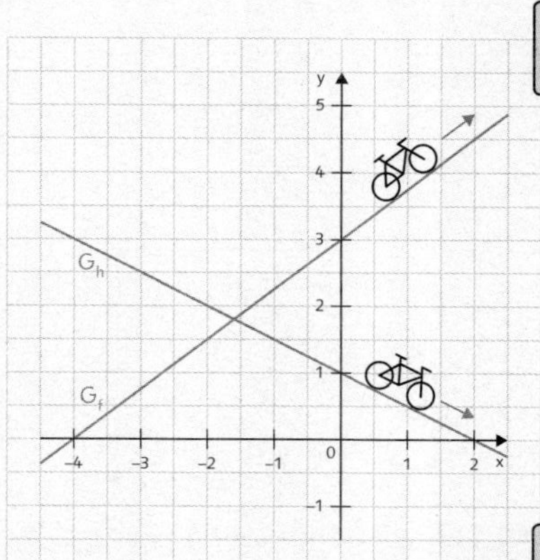

Für m > 0 steigt der Graph der Funktion.

[X] $y = \frac{3}{4}x + 3$
[ ] $y = 2x + 3$

die Funktionsgleichung

[X] $y = -\frac{1}{2}x + 1$
[ ] $y = -2x + 1$

Für m < 0 fällt der Graph der Funktion.

3 **Gib jeweils die Steigung und den y-Achsenabschnitt an.**

a) $f(x) = -3x + 5$ — *Die Steigung ist -3, der y-Achsenabschnitt ist 5.*

b) $f(x) = 0{,}5 - \frac{3}{2}x$ — *Die Steigung ist -1,5, der y-Achsenabschnitt ist 0,5.*

c) $f(x) = 0{,}25x - 2$ — *Die Steigung ist 0,25, der y-Achsenabschnitt ist -2.*

d) $f(x) = 4x - 2{,}5$ — *Die Steigung ist 4, der y-Achsenabschnitt ist -2,5.*

e) $f(x) = -7 - x$ — *Die Steigung ist -1, der y-Achsenabschnitt ist -7.*

4 **Kreuze die richtige Funktionsgleichung an. Zeichne dazu ein Steigungsdreieck ein.**

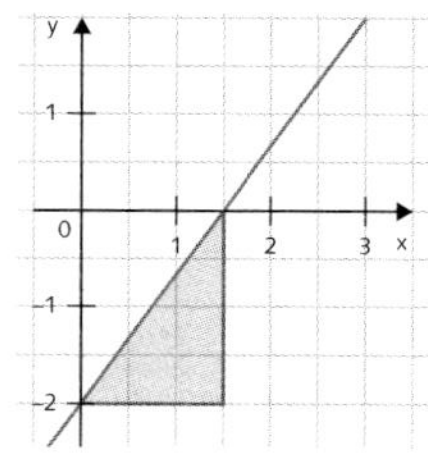

[ ] $y = \frac{2}{3}x - 2$
[X] $y = \frac{3}{2}x - 2$
[ ] $y = \frac{3}{2}x + 2$

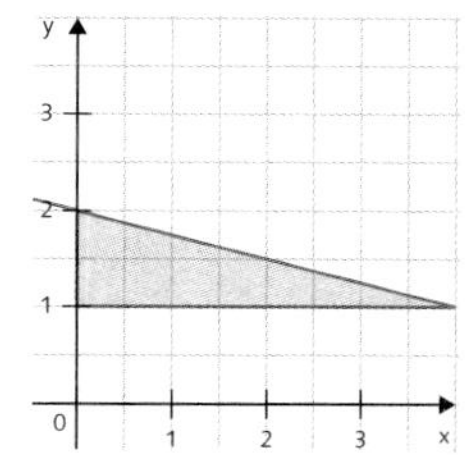

[ ] $y = \frac{1}{4}x + 2$
[ ] $y = 4x + 2$
[X] $y = -\frac{1}{4}x + 2$

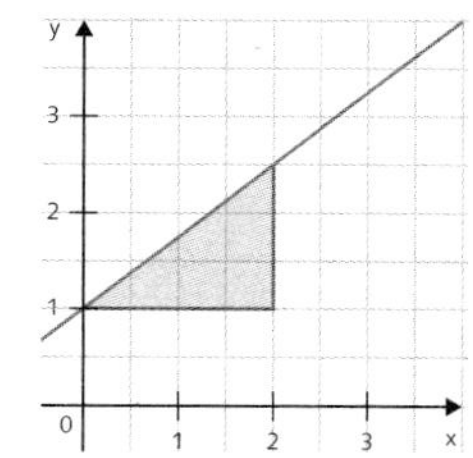

[X] $y = \frac{3}{4}x + 1$
[ ] $y = x + \frac{3}{4}$
[ ] $y = \frac{4}{3}x + 1$

5 **Steigt oder fällt der Graph der Funktion? Schreibe in dein Arbeitsheft.**

a) $y = 3x - 5$ — *Der Graph der Funktion y = 3x – 5 steigt, weil die Steigung größer als 0 ist.*

b) $y = -0{,}5x$ — *Der Graph der Funktion y = –0,5 x fällt, weil die Steigung kleiner als 0 ist.*

c) $y = \frac{7}{2}x + 1$ — *Der Graph der Funktion y = $\frac{7}{2}$x + 1 steigt, weil die Steigung größer als 0 ist.*

d) $y = 4 - 2x$ — *Der Graph der Funktion y = 4 – 2x fällt, weil die Steigung kleiner als 0 ist.*

die Funktion, die Funktionen
die Funktionsgleichung, die Funktionsgleichungen
die Steigung, die Steigungen

das Steigungsdreieck,
die Steigungsdreiecke

der y-Achsenabschnitt,
die y-Achsenabschnitte
der Graph, die Graphen

6 Ordne die Funktionen den Graphen zu. Verbinde

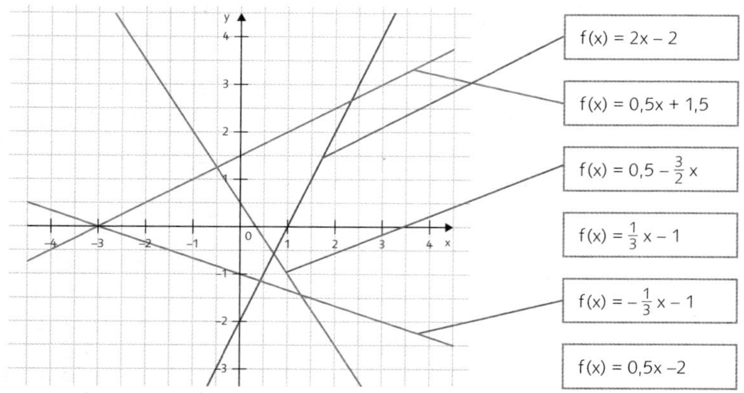

7 Berechne den Funktionswert. Prüfe, ob der Punkt auf dem Graphen der Funktion liegt.

a) $f(x) = 4x + 1$,　$f(2) =$ *4 · 2 + 1 = 9*　P(2 | 8)
Der Punkt P (2 | 8) liegt nicht auf dem Graphen der Funktion f (x), weil der Funktionswert f (2) = 9 ist.

b) $g(x) = -2{,}5x - 2$,　$g(-4) =$ *–2,5 · (–4) – 2 = 8*　Q(–4 | 7)
Der Punkt Q (–4 | 7) liegt nicht auf dem Graphen der Funktion g (x), weil der Funktionswert g (–4) = 8 ist.

c) $h(x) = 6 - 3x$,　$h(2) =$ *6 – 3 · 2 = 0*　R(2 | 0)
Der Punkt R (2 | 0) liegt auf dem Graphen der Funktion h (x), weil der Funktionswert h (2) = 0 ist.

8 Wo liegt die Nullstelle der Funktion? Kreuze an.

a) $f(x) = 5x + 10$
- [ ] x = 2
- [x] x = –2

b) $f(x) = 6 - 1{,}5x$
- [ ] x = –4
- [x] x = 4

c) $f(x) = \frac{1}{6}x + 3$
- [x] x = –18
- [ ] x = 18

die Funktion, die Funktionen
die Nullstelle, die Nullstellen
der Punkt, die Punkte
der Graph, die Graphen
der Funktionswert, die Funktionswerte

9 Zeichne die Graphen der Funktionen in das Koordinatensystem.

a) $f(x) = 2{,}5x - 2$
b) $g(x) = 0{,}2x - 2$
c) $h(x) = -\frac{1}{3}x + 2$
d) $k(x) = -2x - 3$

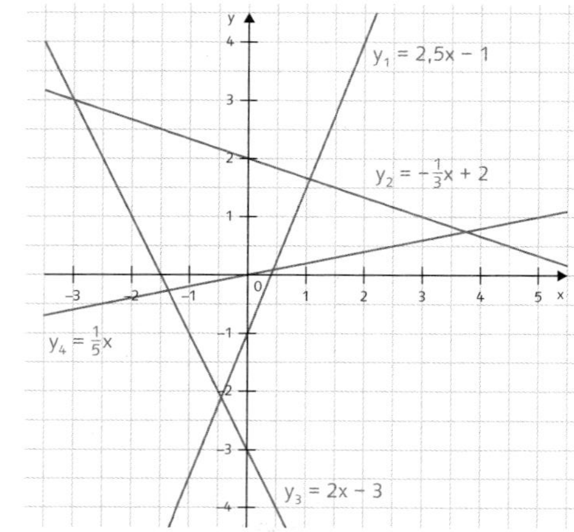

10 Lies die Aufgaben durch und kreuze die richtige Funktionsgleichung an.

a) 
Bei einem Handyvertrag beträgt die Grundgebühr 5 Euro monatlich. Jede Gesprächsminute kostet 0,2 Euro.
- [x] $k(x) = 0{,}2 \cdot x + 5$
- [ ] $k(x) = 5 \cdot x + 0{,}5$

b) 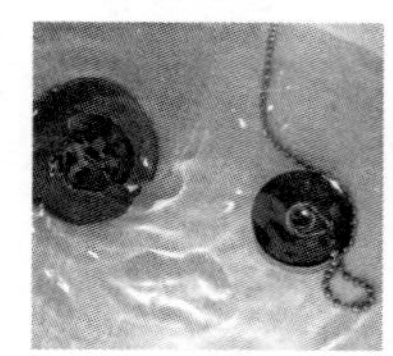
In einer Badewanne sind 120 Liter Wasser. Wenn man den Stöpsel zieht, fließen pro Minute 8 Liter ab.
- [x] $m(x) = 120 - 8 \cdot t$
- [ ] $m(x) = 120 + 8 \cdot t$

c) 
Die Lehrer einer Schule verbrauchen täglich 25 Kaffeekapseln. Aktuell sind 300 Kapseln vorhanden.
- [ ] $k(x) = 25 \cdot t + 30$
- [x] $k(x) = 300 - 25 \cdot t$

die Funktion, die Funktionen
die Grundgebühr, die Grundgebühren
die Badewanne, die Badewannen
die Kapsel, die Kapseln
der Graph, die Graphen
der Handyvertrag, die Handyverträge
der Stöpsel, die Stöpsel
das Produkt, die Produkte
abfließen, er/sie fließt ab
verbrauchen, er/sie verbraucht
ziehen, er/sie zieht

Quadratische Funktionen verstehen

1 **Setze die Begriffe richtig ein.**

$f(x) = a x^2 + bx + c$ — (C) *die Normalform*

$f(x) = a (x - x_1)(x - x_2)$ — (A) *die Nullstellenform*

$f(x) = a (x - x_s)^2 + y_s$ — (E) *die Scheitelpunktsform*

(B) *der Öffnungsfaktor*

$\Rightarrow S(x_s \mid y_s)$ — (F) *der Scheitelpunkt*

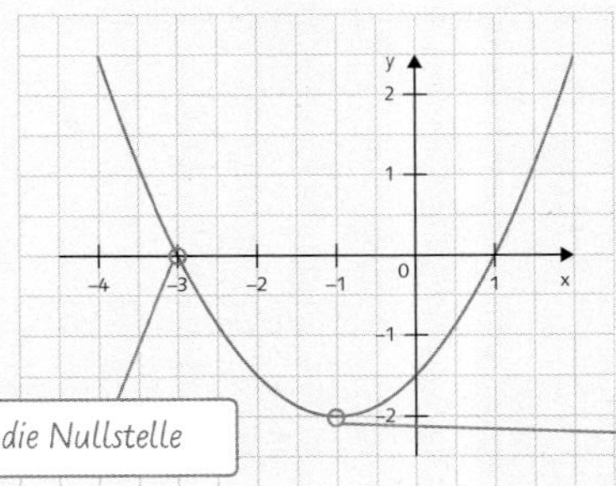

(D) *die Nullstelle*

(F) *der Scheitelpunkt*

(A) die Nullstellenform
(B) der Öffnungsfaktor
(C) die Normalform
(D) die Nullstelle
(E) die Scheitelpunktsform
(F) der Scheitelpunkt

2 **Die Öffnung einer Parabel. Verbinde die Sätze mit der richtigen Parabel.**

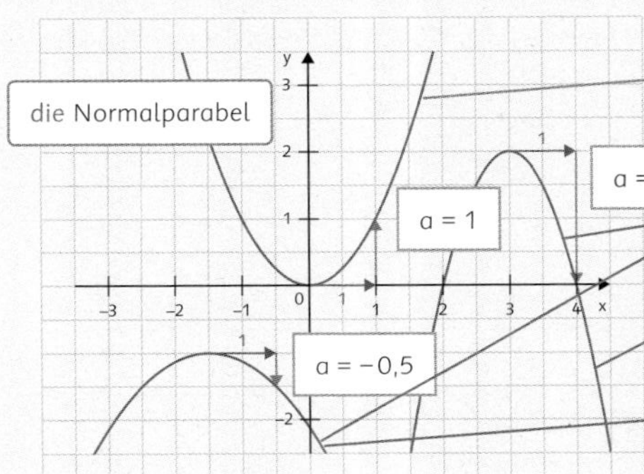

Für a > 0 ist die Parabel nach **oben** geöffnet.

Für a < 0 ist die Parabel nach **unten** geöffnet.

Für |a| > 1 ist die Parabel **enger** als die Normalparabel.

Für |a| < 1 ist die Parabel **weiter** als die Normalparabel.

3 **Beschreibe den Graphen der Funktion.**

a) $f(x) = -3x^2 - 2x + 1$

Der Graph ist enger als die Normalparabel und nach unten geöffnet.

b) $f(x) = x^2 - 2$

Der Graph ist genauso weit wie die Normalparabel und nach oben geöffnet.

c) $g(x) = -0{,}5x^2$

Der Graph ist weiter als die Normalparabel und nach unten geöffnet.

d) $h(x) = 2(x - 1)(x + 2)$

Der Graph ist enger als die Normalparabel und nach oben geöffnet.

e) $k(x) = -\frac{1}{3}(x - 0{,}5)^2$

Der Graph ist weiter als die Normalparabel und nach unten geöffnet.

f) $k(x) = (x - 3)(4 - x)$

Der Graph ist genauso weit wie die Normalparabel und nach unten geöffnet.

4 **Welcher ist der Scheitelpunkt der Funktion? Kreuze an.**

a) $f(x) = 2(x - 3)^2 - 5$
- [ ] S(−3 | −5)
- [x] S(3 | −5)
- [ ] S(−3 | 5)

b) $g(x) = 0{,}5(x + 4)^2 - 1{,}5$
- [x] S(−4 | −1,5)
- [ ] S(−4 | 1,5)
- [ ] S(4 | −1,5)

c) $h(x) = 3 - (x + 1)^2$
- [ ] S(1 | 3)
- [ ] S(3 | −1)
- [x] S(−1 | 3)

5 **Gib die Nullstellen der Funktion an.**

a) $f(x) = (2x - 3)(3 - x)$ — $x_1 = 1{,}5;\ x_2 = 3$

b) $f(x) = 4(x - 0{,}5)(x + 5)$ — $x_1 = 0{,}5;\ x_2 = -5$

c) $f(x) = x^2 - 4x + 4 = (x - 2)^2$ — $x_{1,2} = 2$

d) $f(x) = x^2 - 9 = (x - 3)(x + 3)$ — $x_1 = -3;\ x_2 = 3$

Achtung!
Denke an die binomischen Formeln!

die Funktion, die Funktionen
die Nullstelle, die Nullstellen
die binomische Formel,
die binomischen Formeln

der Graph, die Graphen
der Scheitelpunkt, die Scheitelpunkte

eng, enger
weit, weiter
nach unten geöffnet
nach oben geöffnet

6 Die quadratische Ergänzung. Ordne die Teilschritte richtig zu.

$f(x) = 2x^2 - 10x - 6$

$f(x) = 2(x^2 - 5x - 3)$

$f(x) = 2(x^2 - 2 \cdot 2{,}5x + 2{,}5^2 - 2{,}5^2 - 3)$

$f(x) = 2[(x - 2{,}5)^2 - 9{,}25]$

$f(x) = 2(x - 2{,}5)^2 - 18{,}5$

- Ergänze zu einer binomischen Formel.
- Wende die binomische Formel an.
- Klammere den Öffnungsfaktor aus.
- Multipliziere die äußere Klammer aus.

7 Bestimme die Koordinaten des Scheitelpunkts.

a) $f(x) = 3(x - 1)(x + 3)$

Die Nullstellen sind $x_1 = 1$ und $x_2 = -3$.

$f(-1) = 3 \cdot (-2) \cdot 2 = -12 \quad \Rightarrow S(-1|12)$

b) $g(x) = -0{,}5(x - 2)(x - 6)$

Die Nullstellen sind $x_1 = 2$ und $x_2 = 6$.

$g(4) = -0{,}5 \cdot 2 \cdot (-2) = 2 \quad \Rightarrow S(4|2)$

Tipp:
Die **x**-Koordinate des Scheitelpunkts liegt in der Mitte der beiden Nullstellen!

8 Kreuze die richtige Funktion an.

a) Nullstellen bei $x_1 = 2$ und $x_2 = -3$
Genauso weit wie die Normalparabel
Nach oben geöffnet

- [x] $f(x) = (x - 2)(x + 3)$
- [ ] $f(x) = (x + 2)(x - 3)$
- [ ] $f(x) = 2(x - 2)(x + 3)$

b) Doppelte Nullstelle bei $x_{1,2} = -1$
Betrag des Öffnungsfaktors ist 0,5
Nach unten geöffnet

- [ ] $f(x) = -0{,}5(x - 1)^2$
- [x] $f(x) = -0{,}5(x + 1)^2$
- [ ] $f(x) = 0{,}5(x + 1)^2$

c) Scheitelpunkt bei $S(-2\,|\,3)$
Öffnungsfaktor ist 2

- [ ] $f(x) = 2(x + 2)^2 - 3$
- [ ] $f(x) = 2(x - 2)^2 + 3$
- [x] $f(x) = 2(x + 2)^2 + 3$

die quadratische Ergänzung, –
die Normalparabel, die Normalparabeln
ausklammern, klammere aus!
ausmultiplizieren, multipliziere aus!

der Öffnungsfaktor, –
der Betrag, die Beträge
der Scheitelpunkt, die Scheitelpunkte
anwenden, wende an!

9 Ordne die Funktionsgleichungen richtig zu.

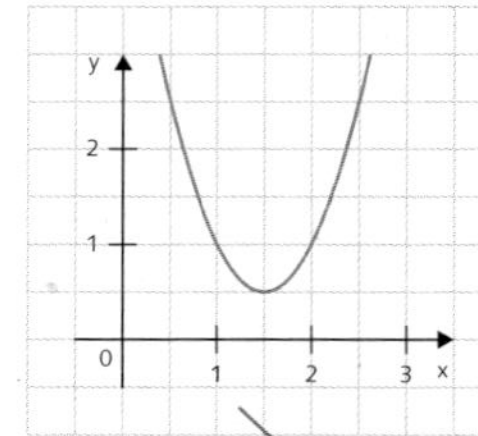

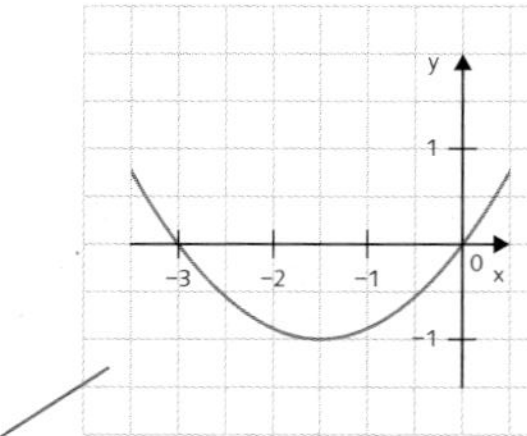

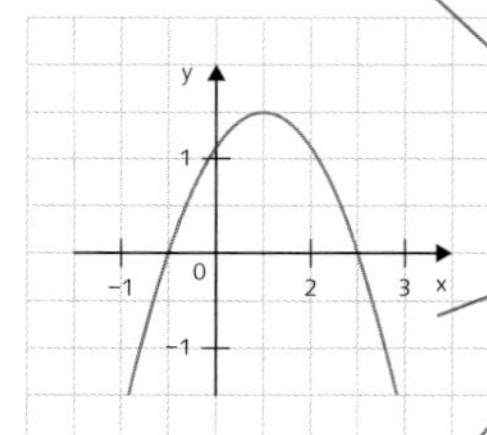

$y = \frac{4}{9}x(x + 3)$

$y = 2(x - 1{,}5)^2 + 0{,}5$

$y = x^2 - 1$

$y = -1{,}5(x - 0{,}5)^2 + 1{,}5$

$y = 3x^2$

$y = -0{,}5x(x + 2)$

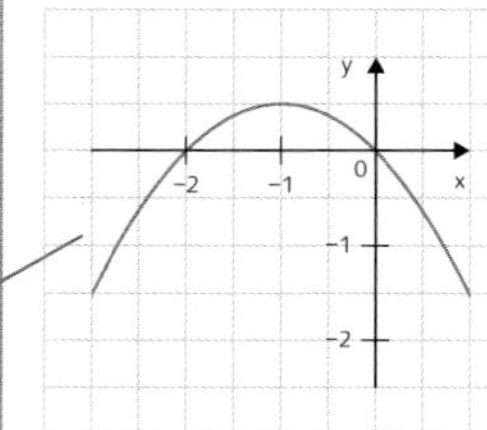

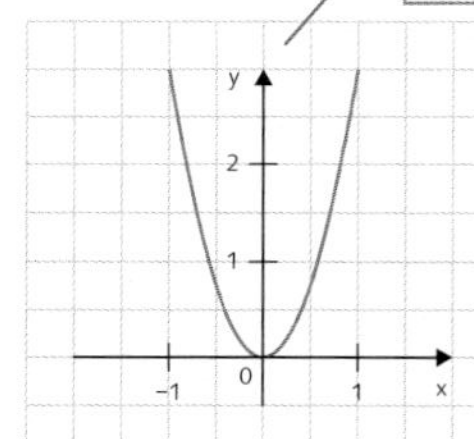

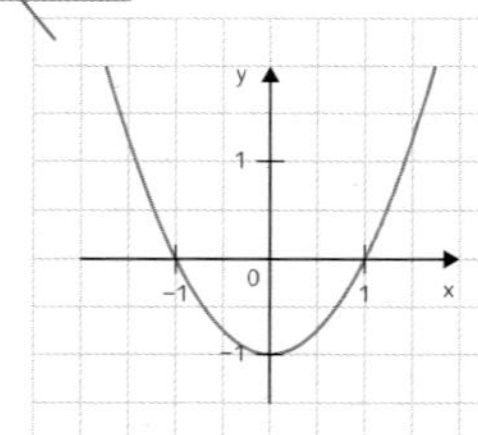

10 Lies den Text durch und bestimme die Funktionsgleichung.

Erfan wirft Amina einen Apfel zu. Die beiden stehen 20 Meter voneinander entfernt. Im höchsten Punkt ist der Apfel 5 Meter über der Höhe, von der aus Erfan geworfen hat. Gib eine Funktion an, die die Flugkurve beschreibt. Tipp: Verwende die Nullstellenform!

$f(x) = a \cdot x \cdot (x - 20)$

$f(10) = a \cdot 10 \cdot (10 - 20) = 5$

$100a = -5,\ a = -\frac{1}{20}$

$f(x) = -\frac{1}{20}x(x - 20)$

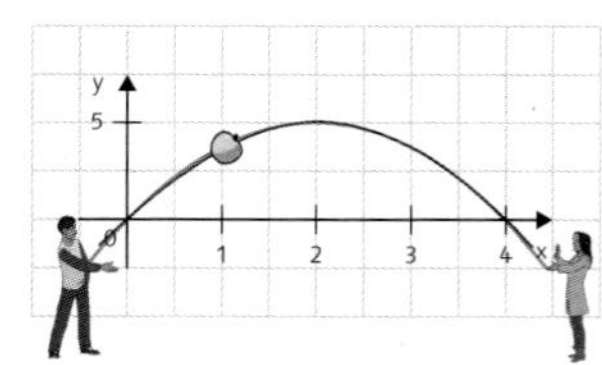

die Funktion, die Funktionen
die Flugkurve, die Flugkurven
die Höhe, die Höhen

der Apfel, die Äpfel
der Punkt, die Punkte

hoch, höher, am höchsten
entfernt voneinander
werfen, er/sie wirft

1 Kreuze alle richtigen Antworten an.

Das ist der Graph …

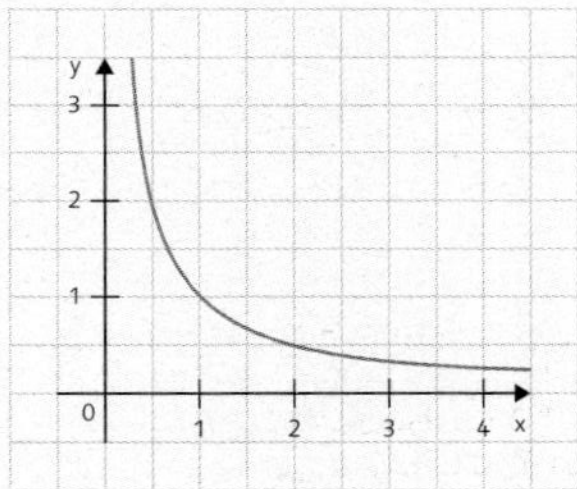

- [X] einer Funktion.
- [X] einer antiproportionalen Zuordnung.
- [ ] einer linearen Funktion.

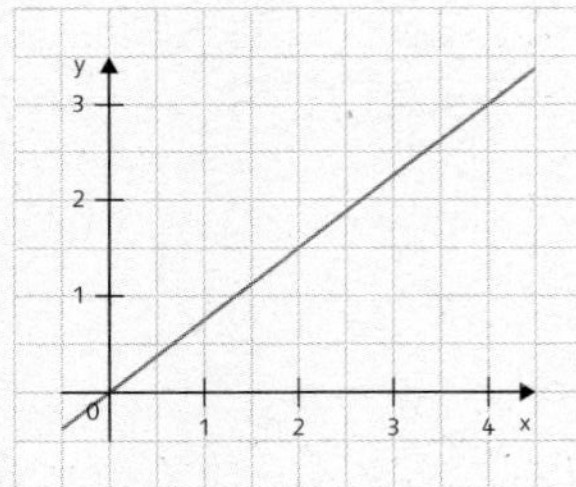

- [ ] einer quadratischen Funktion.
- [X] einer proportionalen Zuordnung.
- [X] einer linearen Funktion.

2 Ordne richtig zu.

a) Eden kauft an einem Marktstand eine Tüte mit Kiwis. Der Preis einer Kiwi beträgt 59 Cent, die Tüte kostet 20 Cent.

b) Hassan kauft Äpfel und bekommt sie in einer Papiertüte. Der Preis für Äpfel beträgt 2,50 Euro pro Kilogramm.

c) Lena und Max besuchen Erfan. Lena geht zu Fuß mit einer Geschwindigkeit von 5km/h, Max fährt mit dem Rad mit 20km/h.

- proportionale Zuordnung
- antiproportionale Zuordnung
- lineare Funktion

3 Kreuze alle richtigen Aussagen an.

a) $f(x) = 2(x-2)(5+x)$

- [X] Nullstellenform
- [ ] Scheitelpunkt: $S(2|-5)$
- [ ] weiter als die Normalparabel
- [X] Nullstellen: $x_1 = 2,\ x_2 = -5$

b) $f(x) = x^2 - 4$

- [X] Nullstellen: $x_1 = 2,\ x_2 = -2$
- [X] Normalform
- [ ] Öffnungsfaktor −4
- [X] Scheitelpunktsform

4 Stelle die Funktionsgleichung auf.

Die Ursprungsgerade enthält den Punkt $(-2|3)$.

$f(x) = -\frac{3}{2}x$

das kann ich gut — das kann ich einigermaßen — das muss ich noch üben

1 So zeichnest du einen Winkel.

a) Was passiert zuerst? Was geschieht als Nächstes? Nummeriere die Sätze in der richtigen Reihenfolge.

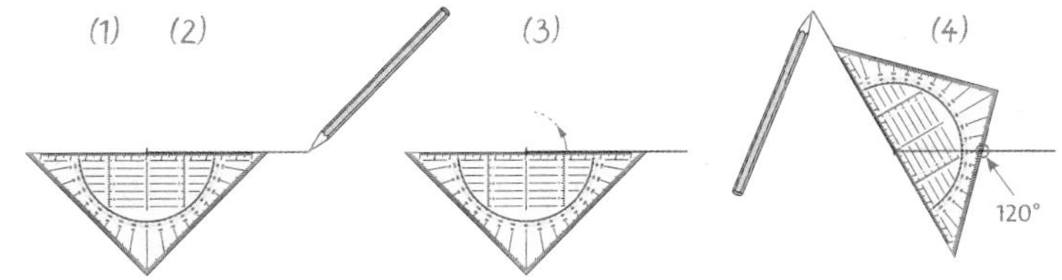

(2) Das Geodreieck wird mit dem Nullpunkt an ein Streckenende angelegt.
(1) Eine Strecke wird mit einem Geodreieck gezeichnet.
(4) Der 2. Schenkel des Winkels wird gezeichnet.
(3) Die Winkelgröße wird durch eine Drehbewegung dargestellt.

b) Zeichne einen Winkel von 80° auf gleiche Weise.

2 Miss alle Strecken und Winkel.
Schreibe die Größen an die richtige Stelle. Streiche die Lösungen im Kasten durch.

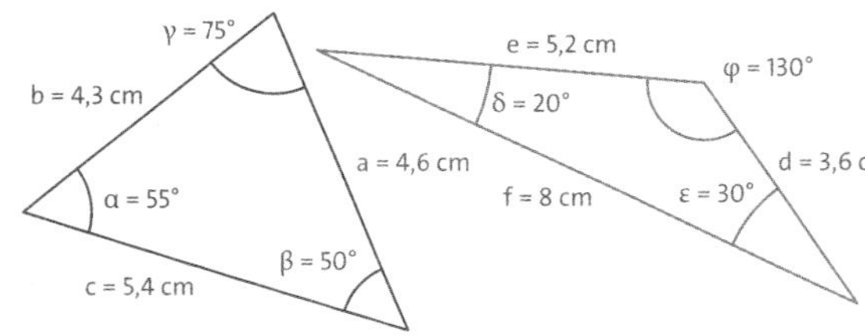

20°	4,6 cm
50°	4 cm
5,3 cm	55°
75°	130°
3,4 cm	
3,7 cm	30°
8 cm	

3 Eine Planfigur ist eine Skizze einer geometrischen Figur. Gegebene Größen markiert man farbig. Die Zeichnung muss nicht maßstabsgetreu sein.

a) Welche Abbildung stellt eine Planfigur dar? Kreuze an.

[X]
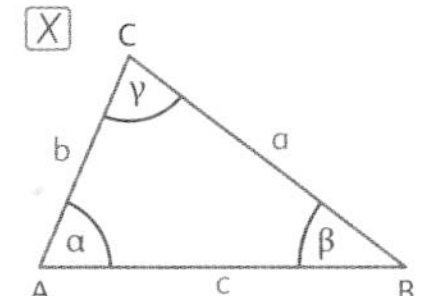

a, b, c

[ ]
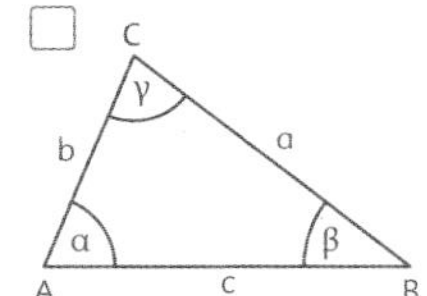

keine Planfigur

[X]
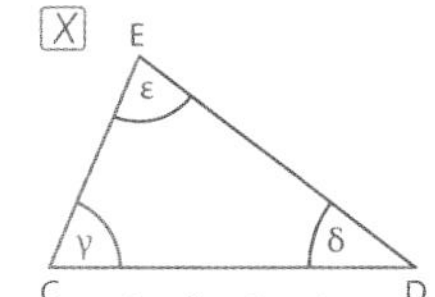

d (CE), e (CD), γ

b) Schreibe unter die Planfiguren, welche Größen gegeben sind.

die Abbildung, die Abbildungen
die Konstruktion, die Konstruktionen
die Planfigur, die Planfiguren

die Skizze, die Skizzen
die Drehbewegung, die Drehbewegungen

die Strecke, die Strecken
die Maßstabstreue, – maßstabsgetreu

Dreiecke zeichnerisch konstruieren und den Satz des Pythagoras anwenden

1 **Für das Projekt „Neugestaltung des Schulhofs" fertigen die Freunde Zeichnungen an.**

Eden kennt die drei Seitenlängen ihres Dreiecks:
$a = 5{,}4\,cm$; $b = 3{,}5\,cm$; $c = 7{,}8\,cm$. Sie hat schon eine Planfigur erstellt. Hilf ihr bei der Konstruktion.
Wie gehst du vor? Nummeriere die Sätze in der richtigen Reihenfolge.

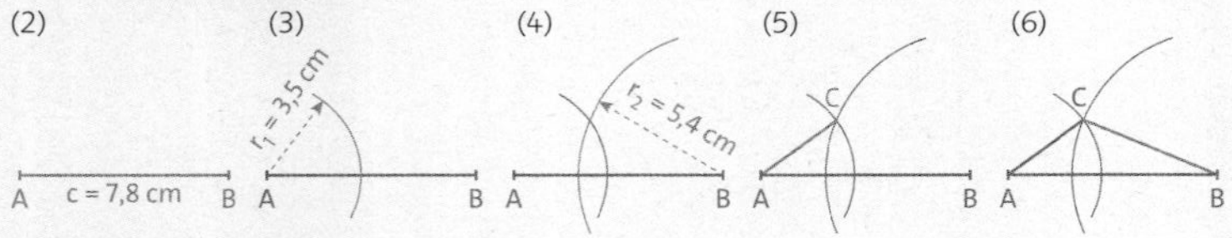

(1) Ich zeichne eine Planfigur.
(3) Ich schlage um den Punkt A einen Kreisbogen mit dem Radius r = 3,5 cm.
(5) Ich zeichne eine Strecke zwischen A und dem entstandenen Schnittpunkt.
(2) Ich zeichne die längste Strecke mit 7,8 cm.
(4) Ich schlage um den Punkt B einen Kreisbogen mit dem Radius r = 5,4 cm.
(6) Ich zeichne eine Strecke zwischen B und dem entstandenen Schnittpunkt.

2 **Im rechtwinkligen Dreieck gibt es festgelegte Begriffe.**

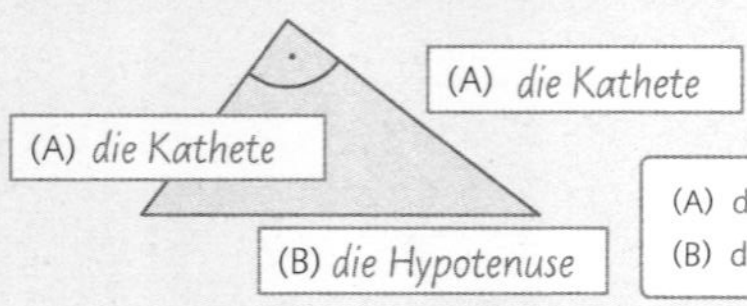

(A) die Kathete
(B) die Hypotenuse

> Im rechtwinkligen Dreieck gilt:
> Die längste Seite heißt **Hypotenuse (h)**.
> Die beiden kürzeren Seiten heißen **Katheten (k)**.

a) Trage die Begriffe in die Schreibfelder ein.
b) Schau dir das rechtwinklige Dreieck an und ordne die Satzteile richtig zu.

In einem rechtwinkligen Dreieck liegt die Hypotenuse	am rechten Winkel an.
In einem rechtwinkligen Dreieck liegen die Katheten	dem rechten Winkel gegenüber.

c) Kreuze an.
In einem rechtwinkligen Dreieck ist die Hypotenuse
☐ die kürzeste Seite.
☒ die längste Seite.

3 **Als Hausaufgabe soll Amina die folgenden Dreiecke konstruieren:**

1. Dreieck: Seite 1 = 3,5 cm; eingeschlossener Winkel 37°; Seite 2 = 7,8 cm
2. Dreieck: Seite 1 = 3,5 cm; Seite 2 = 7,8 cm; Winkel 23°
3. Dreieck: Winkel 1 = 37°; Seite = 7,8 cm; Winkel 2 = 23°

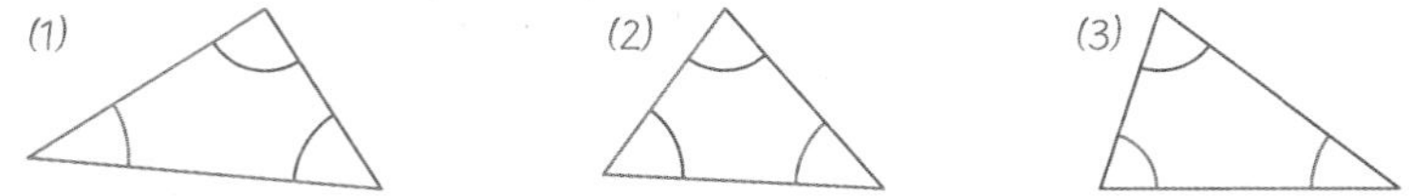

a) Amina hat schon Planfiguren angefertigt. Schreibe die Nummer des Dreiecks an die richtige Planfigur.
b) Konstruiere die Dreiecke in deinem Heft. Beschreibe dein Vorgehen. Nutze dazu Sätze wie auf Seite 58, Aufgabe 1.

4 **Fehlt hier eine Angabe?**

a) Wie kannst du das Dreieck zur gegebenen Planfigur konstruieren?

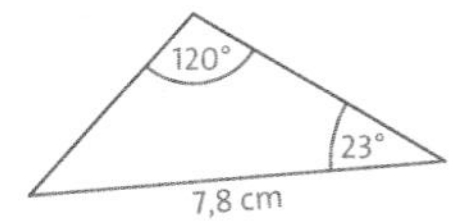

Innenwinkelsummensatz:
180° – 23° – 120° = 37°
dann Konstruktion wie A3, Dreieck (3)

b) Konstruiere das Dreieck in deinem Heft.

5 **Vergleiche die Dreiecke in den Aufgaben 3 und 4. Nimm dazu Transparentpapier und pause deine Lösung für das Dreieck in Aufgabe 4 ab. Lege es auf die anderen Lösungen. Was stellst du fest? Kreuze an.**

Das Dreieck auf dem Transparentpapier ist kleiner. ☐
Das Dreieck auf dem Transparentpapier ist größer. ☐
Die Dreiecke sind deckungsgleich. ☒

> 1. Zwei Dreiecke sind deckungsgleich (kongruent) zueinander, wenn sie in den entsprechenden Maßen (Winkel und Seitenlängen) übereinstimmen.
> 2. Dreiecke lassen sich eindeutig konstruieren, wenn drei entsprechende Größen gegeben sind.

6 **Welche Größen sind gegeben? Schreibe die richtigen Abkürzungen unter die Planfiguren. Dabei bedeutet s Seite und w Winkel.**

sss wsw sws ssw

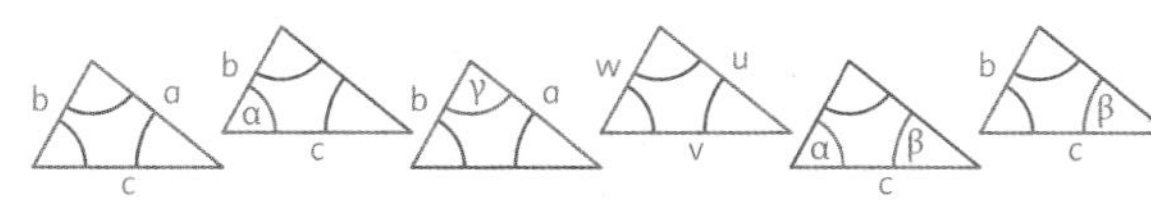

sss *sws* *sws* *sss* *wsw* *ssw*

> Diese Abkürzungen nennt man **Kongruenzsätze**.

der eingeschlossene Winkel, die eingeschlossenen Winkel	das Transparentpapier, die Transparentpapiere	anfertigen, er/sie fertigt an
der Kongruenzsatz, die Kongruenzsätze	das Maß, die Maße	vergleichen, er/sie vergleicht
	abpausen, er/sie paust ab	kongruent
		deckungsgleich

7 Nach welchem Kongruenzsatz können die Dreiecke konstruiert werden? Kreuze an.

	sss	ssw	sws	wsw
gleichseitiges Dreieck mit der Seitenlänge 5 cm	X			
Seite a = 3 cm, anliegender Winkel β = 73°, gegenüberliegender Winkel α = 35°				X
zwei gleich lange Seiten (7 cm), zwei 40° große Winkel		X	X	

8 Das ist deine Konstruktionszeichnung. Beschreibe dein Vorgehen. Bilde vollständige Sätze.

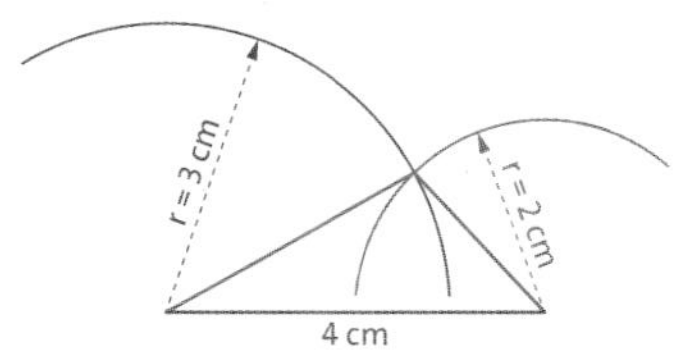

zeichnen
schlagen
der Zirkel
die Strecke
der Kreisbogen
der Punkt
der Schnittpunkt

Ich zeichne die längste Strecke mit 4 cm.

Ich schlage um den Punkt A (mit dem Zirkel) einen Kreisbogen mit r = 3 cm.

Ich schlage um den Punkt B (mit dem Zirkel) einen Kreisbogen mit r = 2 cm.

Ich zeichne eine Strecke zwischen A und dem entstandenen Schnittpunkt.

Ich zeichne eine Strecke zwischen B und dem entstandenen Schnittpunkt.

9 Markiere die Hypotenuse und beschrifte die Katheten mit k_1 und k_2.

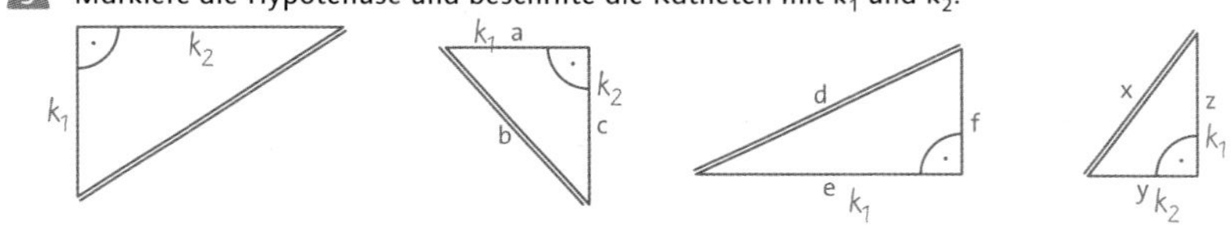

10 Zeichne ein rechtwinkliges Dreieck mit den Kathetenlängen 3 cm und 4 cm. Wie lang ist die dem rechten Winkel gegenüberliegende Seite? Miss nach.

Die Seite ist 5 cm lang.

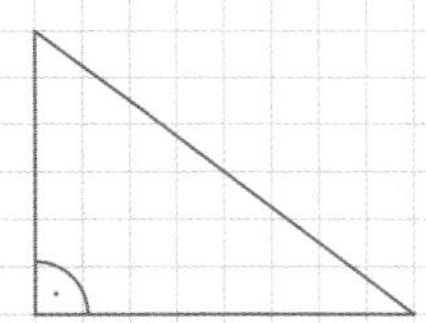

das gleichseitige Dreieck, die gleichseitigen Dreiecke
der Basiswinkel, die Basiswinkel
einen Kreisbogen schlagen, ich schlage einen Kreisbogen
markieren, er/sie markiert
beschriften, er/sie beschriftet
die Kathetenlänge, die Kathetenlängen

11 Du kannst eine Seite im rechtwinkligen Dreieck auch berechnen. Dabei hilft dir der Satz des Pythagoras. Prüfe dein Ergebnis in Aufgabe 10 rechnerisch nach.

Satz des Pythagoras
$k_1^2 + k_2^2 = h^2$
$h = \sqrt{k_1^2 + k_2^2}$
bzw.
$k_1 = \sqrt{h^2 - k_2^2}$

$h = \sqrt{k1^2 + k2^2}$
$h = \sqrt{(3\,cm)^2 + (4\,cm)^2} = \sqrt{9\,cm^2 + 16\,cm^2} = \sqrt{25\,cm^2} = 5\,cm$

12 Beschrifte die Seiten mit h, k_1 und k_2 und berechne die fehlende Seitenlänge.

a) 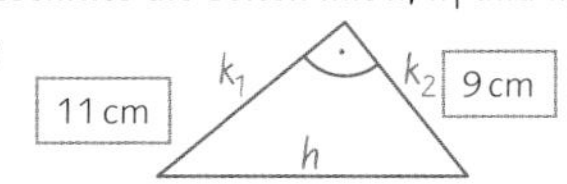

b) 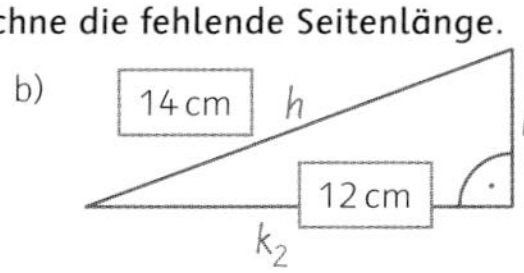

(Die Zeichnungen sind nicht maßstabsgetreu.)

a) *$h = \sqrt{k1^2 + k2^2}$*
$h = \sqrt{(9\,cm)^2 + (11\,cm)^2}$
$= \sqrt{81\,cm^2 + 121\,cm^2}$
$= \sqrt{202\,cm^2} = \sqrt{202}\,cm \approx 14{,}12\,cm$

b) *$k1 = \sqrt{h^2 - k2^2}$*
$= \sqrt{(14\,cm)^2 - (12\,cm)^2}$
$= \sqrt{196\,cm^2 - 144\,cm^2}$
$= \sqrt{52\,cm^2} = \sqrt{52}\,cm \approx 7{,}211\,cm$

13 Handelt es sich um ein rechtwinkliges Dreieck? Prüfe nur rechnerisch.

a) 15 cm; 20 cm; 25 cm

$h = 25\,cm;\ k_1 = 15\,cm;\ k_2 = 20\,cm$
$\sqrt{k1^2 + k2^2} = \sqrt{(15\,cm)^2 + (20\,cm)^2}$
$= \sqrt{625\,cm^2} = 25\,cm = h$; wahr,
also rechtwinkliges Dreieck

b) 7 cm; 11 cm; 13 cm

$h = 13\,cm;\ k_1 = 7\,cm;\ k_2 = 11\,cm$
$\sqrt{k1^2 + k2^2} = \sqrt{(7\,cm)^2 + (11\,cm)^2}$
$= \sqrt{170\,cm^2} \approx 13{,}04\,cm \neq h$;
also kein rechtwinkliges Dreieck

14 Lena konstruiert ein rechtwinkliges Dreieck mit den Seitenlängen 17 cm, 15 cm und 8 cm.

a) Welchen Kongruenzsatz kann sie anwenden?

Sie kann den Kongruenzsatz sss oder sws anwenden.

b) Wie lang ist die Hypotenuse?

Die Hypotenuse ist 17 cm lang.

c) Handelt es sich um ein rechtwinkliges Dreieck? Prüfe rechnerisch nach.

$h = 17\,cm;\ k_1 = 8\,cm;\ k_2 = 15\,cm;\ h^2 = k_1^2 + k_2^2;\ h = \sqrt{k1^2 + k2^2}$
$\sqrt{k1^2 + k2^2} = \sqrt{(8\,cm)^2 + (15\,cm)^2} = \sqrt{289\,cm^2} = 17\,cm = h$;
wahr, also rechtwinkliges Dreieck

das Maß, die Maße
der Satz des Pythagoras, –
die Seitenlänge, die Seitenlängen
anwenden, er/sie wendet an
fehlen, er/sie fehlt
rechnerisch
konstruieren, er/sie konstruiert
nachprüfen, er/sie prüft nach

Winkel und Strecken in Dreiecken berechnen (Trigonometrie)

Im rechtwinkligen Dreieck nennt man die Katheten Ankathete und Gegenkathete.

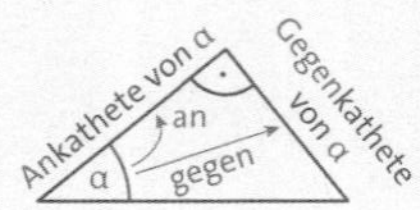

Kurzschreibweise:
Ankathete **Ak**
Gegenkathete **Gk**
Hypotenuse **Hy**

1 Trage die Begriffe in die Schreibfelder ein.

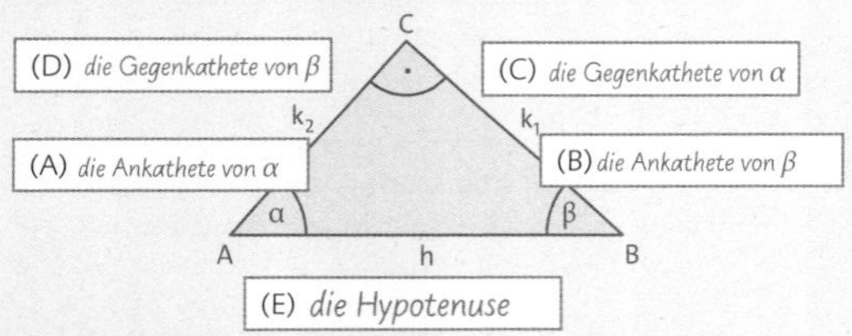

(A) die Ankathete von α
(B) die Ankathete von β
(C) die Gegenkathete von α
(D) die Gegenkathete von β
(E) die Hypotenuse

2 Es sind drei verschiedene Dreiecke gegeben:

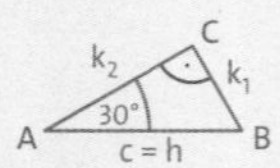

(1) α = 30°; Gk = 3 cm; Ak = 5,2 cm
(2) α = 30°; Gk = 4 cm; Ak = 6,9 cm
(3) α = 30°; Gk = 5 cm; Ak = 8,7 cm

a) Wie lang ist die Hypotenuse? Zeichne die Dreiecke in dein Heft und miss nach.
b) Überprüfe deine Messungen rechnerisch.
c) Fülle nun die Tabelle aus (runde auf 2 Nachkommastellen):

α = 30°	$\frac{Gk}{Hy}$	$\frac{Ak}{Hy}$	$\frac{Gk}{Ak}$
1	$\frac{3\,cm}{6\,cm} = 0{,}5$	$\frac{5{,}2\,cm}{6\,cm} = 0{,}87$	$\frac{3\,cm}{5{,}2\,cm} = 0{,}57$
2	$\frac{4\,cm}{8\,cm} = 0{,}5$	$\frac{6{,}9\,cm}{8\,cm} = 0{,}86$	$\frac{4\,cm}{6{,}9}\,cm = 0{,}58$
3	$\frac{5\,cm}{10\,cm} = 0{,}5$	$\frac{8{,}7\,cm}{10\,cm} = 0{,}87$	$\frac{5\,cm}{8{,}7\,cm} = 0{,}57$

Die Seitenverhältnisse im rechtwinkligen Dreieck hängen nur vom Winkel α ab.
Sie heißen:
$\frac{\text{Gk von } \alpha}{\text{Hy}} = \sin \alpha$; **Sinus**
$\frac{\text{Ak von } \alpha}{\text{Hy}} = \cos \alpha$; **Kosinus**
$\frac{\text{Gk von } \alpha}{\text{Ak von } \alpha} = \tan \alpha$; **Tangens**

3 Fülle die Lücken aus.

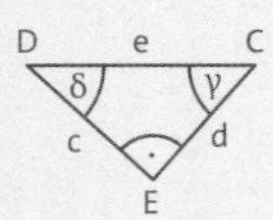

$\sin \delta = \frac{d}{e}$

$\tan \delta = \frac{d}{c}$

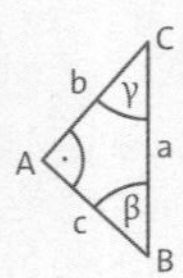

$\cos \beta = \frac{c}{a}$

$\tan \beta = \frac{b}{c}$

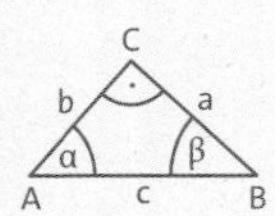

$\sin \beta = \frac{b}{c}$

$\sin \alpha = \frac{a}{c}$

4 Kreuze an.

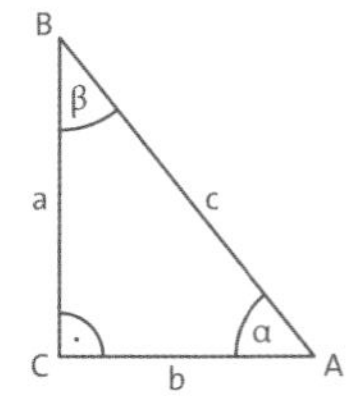

	richtig	falsch
Von α aus gesehen ist a die Ankathete.	☐	☒
c ist die Hypotenuse von α und von β.	☒	☐
a ist die Gegenkathete von α.	☒	☐
b ist die Gegenkathete von β.	☒	☐
Von α aus gesehen ist a die Gegenkathete.	☒	☐
Von α aus gesehen ist c die Ankathete.	☐	☒
Von β aus gesehen ist b die Gegenkathete.	☒	☐

5 Max und Lena suchen den kürzesten Weg über den Schulhof. Unter welchem Winkel müssen sie losgehen?

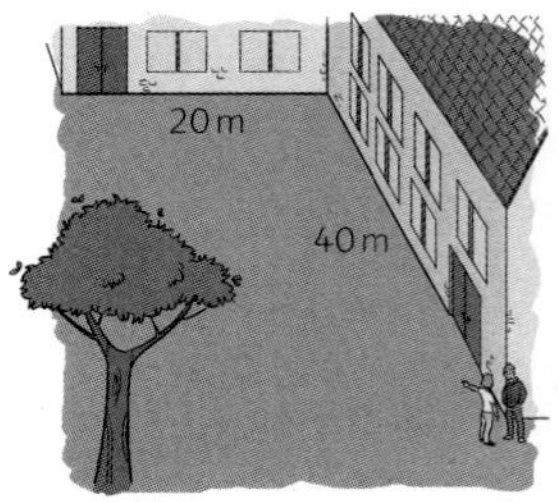

a) Fertige eine Planfigur zur Situation an. Markiere den gesuchten Winkel. Vervollständige den Satz:
Der Tangens des gesuchten Winkels ist $\frac{Gk}{Ak} = \frac{20\,m}{40\,m} = 0{,}5.$
b) Konstruiere das Dreieck und miss die Winkelgröße.
c) Fülle die Tabelle mithilfe deines Taschenrechners aus. Runde auf drei Stellen.

α	26,3°	26,4°	26,5°	26,6°	26,7°	26,8°
tan α	0,494	0,496	0,499	0,501	0,503	0,505

Markiere die Winkel, die am besten zum Dreieck passen.

6 Mit dem Taschenrechner kannst du den Winkel aus Aufgabe 5 genau bestimmen.

Seitenverhältnis: $\tan \alpha = \frac{\text{Gegenkathete}}{\text{Ankathete}} = \frac{20\,m}{40\,m} = 0{,}5$

Winkel: $\alpha = \tan^{-1}(0{,}5)$; Taste auf dem Taschenrechner: $\tan^{-1}$

Bestimme den Winkel, unter dem Lena und Max losgehen müssen. Runde sinnvoll. Vervollständige den Antwortsatz.

Max und Lena müssen unter einem Winkel von 26,6° starten, wenn sie den kürzesten Weg gehen wollen.

7 Sieh dir das Dreieck an und ordne richtig zu.

δ	ε
$\sin^{-1}\frac{d}{f}$	$\cos^{-1}\frac{d}{f}$
$\cos^{-1}\frac{e}{f}$	$\sin^{-1}\frac{e}{f}$
$\tan^{-1}\frac{d}{e}$	$\tan^{-1}\frac{e}{d}$

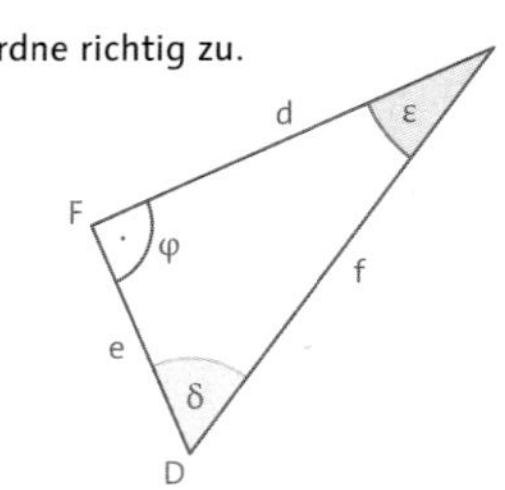

~~$\sin^{-1}\frac{d}{f}$~~ $\tan^{-1}\frac{d}{e}$
$\cos^{-1}\frac{d}{f}$ $\tan^{-1}\frac{e}{d}$
$\sin^{-1}\frac{e}{f}$ $\cos^{-1}\frac{e}{f}$

aufrunden, er/sie rundet auf
die Nachkommastelle, die Nachkommastellen
bestimmen, er/sie bestimmt
eintragen, er/sie trägt ein
kurz, kürzer, kürzeste
lang, länger, längste

8 **Mit Sinus, Kosinus und Tangens kannst du Größen im rechtwinkligen Dreieck berechnen.**

a) Welche Aufgabe gehört zur Planfigur? Trage die gegebenen Maße in die Planfigur ein und bezeichne die gesuchten Größen.

1 Unter welchem Winkel steigt die Straße? 	Aufgabe (2) 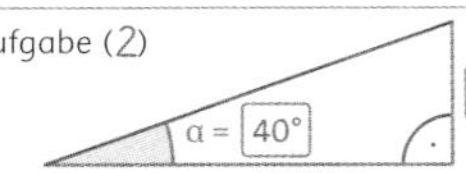 α = 40°; c = 135 m; gesucht: h
2 Amina steht 135 m von der Berliner Gedächtniskirche entfernt. Sie sieht den Turm unter einem Winkel von 40°. Wie hoch ist der Turm?	Aufgabe (1) 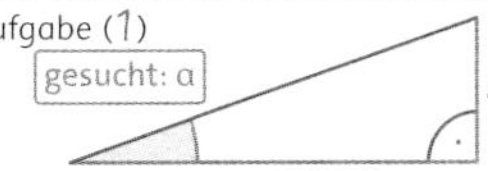 gesucht: α; a = 12 m; c = 100 m
3 Die Leiter ist 2 m lang. Sie schließt mit der Wand einen Winkel von 15° ein. Wie weit steht die Leiter von der Wand entfernt?	Aufgabe (3) 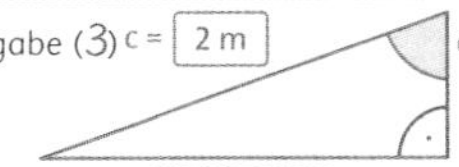 c = 2 m; α = 15°; gesucht: d

b) Löse nun die Aufgaben.

1
$\tan\alpha = \frac{Gk}{Ak} = \frac{12\,m}{100\,m} = 0{,}12$
$\Leftrightarrow \alpha = \tan^{-1} 0{,}12 \approx 6{,}8°$
Die Straße steigt unter einem Winkel von 6,8°.

2
$\tan 40° = \frac{Gk}{Ak} = \frac{h}{135\,m}$
$\Leftrightarrow h = \tan 40° \cdot 135\,m$
$\approx 113\,m$
Der Turm ist etwa 113 m hoch.

3
$\sin 15° = \frac{d}{2\,m}$
$\Leftrightarrow h = \sin 15° \cdot 2\,m$
$\approx 0{,}52\,m = 52\,cm$
Die Leiter steht 52 cm von der Wand entfernt.

9 **Auch in nicht rechtwinkligen Dreiecken kannst du Größen mit Sinus, Kosinus und Tangens berechnen. Fülle die Lücken aus.**

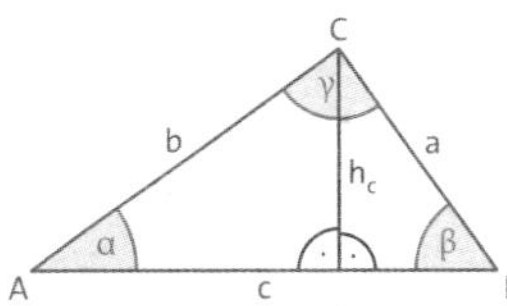

$\sin\alpha = \frac{h_c}{b} \Leftrightarrow h_c = b \cdot \sin\alpha$ $\sin\beta = \frac{h_c}{a} \Leftrightarrow h_c = a \cdot \sin\beta$

$b \cdot \sin = h_c = a \cdot \sin\beta$

$\frac{a}{b} = \frac{\sin\alpha}{\sin\beta}$ und $\frac{a}{\sin\alpha} = \frac{b}{\sin b}$

Sinussatz
In jedem Dreieck gilt:
$\frac{a}{\sin\alpha} = \frac{b}{\sin\beta} = \frac{c}{\sin\gamma}$
bzw.
$\frac{a}{b} = \frac{\sin\alpha}{\sin\beta}$; $\frac{a}{c} = \frac{\sin\alpha}{\sin\gamma}$; $\frac{b}{c} = \frac{\sin\beta}{\sin\gamma}$

das rechtwinklige Dreieck, –
einen Winkel (mit etw.) einschließen, er/sie schließt einen Winkel (mit etw.) ein
der Sinussatz, – gelten, es gilt

10 **Die Größen a = 5,4 cm; α = 37°; β = 23° sind gegeben. Wie lang ist die Seite b?**

$\frac{b}{\sin\beta} = \frac{a}{\sin\alpha} \Leftrightarrow b = a \cdot \frac{\sin\beta}{\sin\alpha} = 5{,}4\,cm \cdot \frac{\sin 23°}{\sin 37°} \approx 3{,}5\,cm$

Die Seite b ist etwa 3,5 cm lang.

11 **Wie kannst du die Länge der Seite a berechnen, wenn b und c und der Winkel α gegeben sind?**

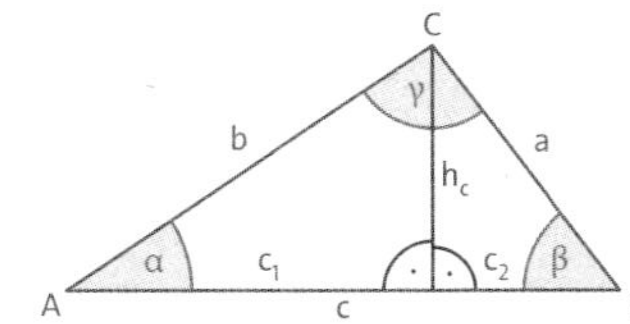

a) Fülle die Lücken aus und setze ein.

$a^2 = h_c^2 + c_2^2$ (Satz des Pythagoras)

$b^2 = h_c^2 + c_1^2 \Leftrightarrow h_c^2 = b^2 - c_1^2$

$a^2 = (b^2 - c_1^2) + c_2^2$

$c_2 = c - c_1 \Leftrightarrow c_2^2 = c^2 - 2cc_1 + c_1^2$

$a^2 = (b^2 - c_1^2) + (c^2 - 2cc_1 + c_1^2)$

$\cos\alpha = \frac{c_1}{b} \Leftrightarrow c_1 = b \cdot \cos\alpha$

$a^2 = b^2 + c^2 - 2cb \cdot \cos\alpha$

Kosinussatz
In jedem beliebigen Dreieck gilt:
$a^2 = b^2 + c^2 - 2bc\cos\alpha$
$b^2 = c^2 + a^2 - 2ca\cos\beta$
$c^2 = a^2 + b^2 - 2ab\cos\gamma$

b) Amina sieht Hassan und Erfan in einem Winkel von 36°. Hassan steht 3,5 m von Amina entfernt, Erfan steht 7,8 m von Amina entfernt.
Fertige zuerst eine Skizze an. Berechne die Entfernung zwischen Hassan und Erfan.

$d_2 = 7{,}8\,m$
$\varphi = 36°$
$d_1 = 3{,}5\,m$

$d^2 = d_1^2 + d_2^2 - 2d_1d_2 \cdot \cos\varphi$
$= (3{,}5\,m)^2 + (7{,}8\,m)^2 - 2 \cdot 3{,}5\,m \cdot 7{,}8\,m \cdot \cos 36°$
$d = 12{,}25\,m^2 + 60{,}84\,m^2 - 44{,}17...\,m^2 = 28{,}91...\,m^2$
$\Rightarrow d = \sqrt{28{,}91...\,m^2} \approx 5{,}4\,m$
Hassan steht ungefähr 5,4 m von Erfan entfernt.

12 **Welche Planfigur gehört zu welcher Formel? Verbinde!**

$\frac{a}{b} = \frac{\sin\alpha}{\sin\beta}$

$\frac{c}{a} = \frac{\sin\gamma}{\sin\alpha}$

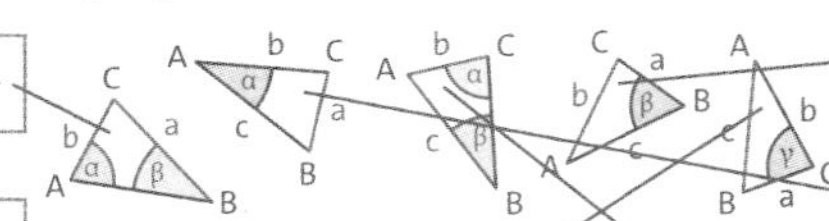

$b^2 = c^2 + a^2 - 2ca \cdot \cos\beta$

$a^2 = b^2 + c^2 - 2bc \cdot \cos\alpha$

$c^2 = a^2 + b^2 - 2ab \cdot \cos\gamma$

$\frac{b}{c} = \frac{\sin\beta}{\sin\gamma}$

die Formel, die Formeln
der Kosinussatz, –
das beliebige Dreieck
die Entfernung, die Entfernungen
einsetzen, ich setze ein
verbinden, ich verbinde

1 Bilde korrekte Aussagen.

Dreiecke lassen sich konstruieren, wenn mindestens / höchstens — zwei / drei / vier — Größen bekannt sind.

Der Satz des Pythagoras gilt — in jedem / nur im rechtwinkligen — Dreieck. / Viereck.

Im rechtwinkligen Dreieck liegt die — Ankathete / Gegenkathete / Hypotenuse — dem rechten Winkel gegenüber. / am rechten Winkel an.

2 Gegeben sind folgende Dreiecke:

1 a = 3,5 cm b = 3 cm c = 4,5 cm	2 b = 5 cm c = 6 cm b = 35°	3 b = 2,5 cm c = 4,7 cm a = 50°	4 c = 5,5 cm a = 30° b = 40°

Nach welchem Kongruenzsatz können die Dreiecke konstruiert werden? Trage den Kongruenzsatz ein. Konstruiere dann die Dreiecke in deinem Heft.

1 *sss*	2 *ssw*	3 *wsw*	4 *wsw*

3 Berechne die fehlende Seitenlänge im rechtwinkligen Dreieck. Die Maße findest du in der Skizze.

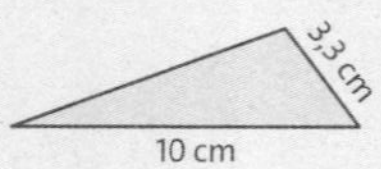

k1 = 3,3 cm; h = 10 cm; gesucht: k2

$k2 = \sqrt{h^2 - k1^2} = R(10\,cm)^2 - (3,3\,cm)^2$

$= \sqrt{89,11\,cm^2} = 9,439\,cm$

4 Sind die Dreiecke rechtwinklig? Überprüfe. Welchen Pfosten muss man versetzen, wenn man einen rechtwinkligen Schuppen bauen will?

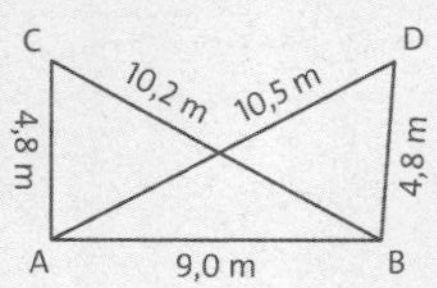

$(9\,m)^2 + (4,8\,m)^2 = 81\,m^2 + 23,04\,m^2 = 104,04\,m^2$

$\sqrt{104,04\,m^2} = 10,2\,m$

Das Dreieck ABC mit der Hypotenusenlänge 10,2 m ist rechtwinklig, das Dreieck ABD mit der Hypotenusenlänge 10,5 m ist nicht rechtwinklig. Der Pfosten D muss versetzt werden.

5 Vervollständige zuerst die Skizze. Berechne die fehlenden Größen, wenn α = 32° und a = 3 cm ist. Verwende nur sin, cos, tan.

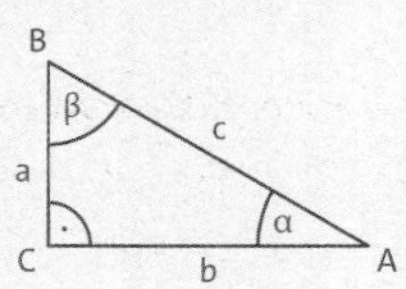

$\sin\alpha = \frac{a}{c} \Leftrightarrow c = \frac{a}{\sin\alpha} = \frac{3\,cm}{\sin 32°} \approx 5,66\,cm$

$\cos\beta = \frac{a}{c} \Leftrightarrow \beta = \cos^{-1}\frac{a}{c} = \cos^{-1}\frac{3\,cm}{5,66\,cm} \approx 58°$

$\cos\alpha = \frac{b}{c} \Leftrightarrow b = c \cdot \cos\alpha = 5,66\,cm \cdot \cos 32° = 4,8\,cm$

 das kann ich gut · das kann ich einigermaßen · das muss ich noch üben

Jeder Quader hat sechs Flächen, zwölf Kanten und acht Ecken.

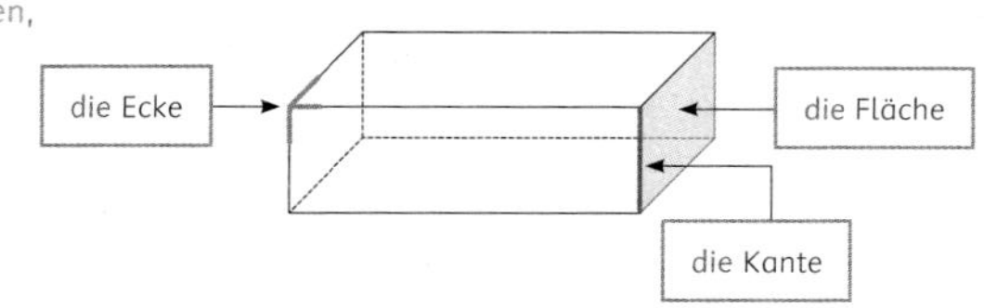

1 Ordne die Namen und Eigenschaften den richtigen Körpern zu.

1 Kreisfläche · der Kegel · keine Ecke · 5 Ecken · der Quader · 5 Flächen · die Pyramide

keine Ecke · 6 Ecken · das Dreiecksprisma · 5 Flächen · 9 Kanten · der Zylinder · 2 Kanten · 6 Flächen · 8 Ecken

1 Kante · 8 Ecken · 8 Kanten · 12 gleich lange Kanten · 12 Kanten · 6 Flächen · der Würfel · 2 Kreisflächen

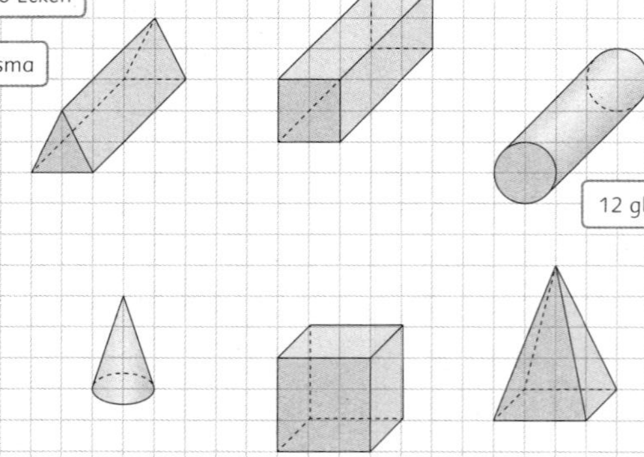

2 Schreibe Sätze wie im Beispiel.

Der Würfel hat 8 Ecken, 12 Kanten und 6 Flächen.

Die Pyramide hat 5 Ecken, 8 Kanten und 5 Flächen.

Der Quader hat 8 Ecken, 12 Kanten und 6 Flächen.

Der Kegel hat keine Ecke, eine Kante und eine Kreisfläche.

Der Zylinder hat keine Ecke, 2 Kanten und 2 Kreisflächen.

Das Dreiecksprisma hat 6 Ecken, 9 Kanten und 5 Flächen.

die Formel, die Formeln
die Eigenschaft, die Eigenschaften
die Kante, die Kanten
die Ecke, die Ecken
die Fläche, die Flächen
das Schrägbild, die Schrägbilder

Prismen und Zylinder untersuchen

Die Prismen

Prismen haben zwei kongruente Grundflächen G (Boden und Deckel).
Die Seitenflächen sind Rechtecke. Die Summe der Seitenflächen ist der Mantel M.

Formeln für alle Prismen:
Volumen $V = G \cdot h$
Oberfläche: $O = 2G + u \cdot h$
(u: Umfang der Grundfläche)

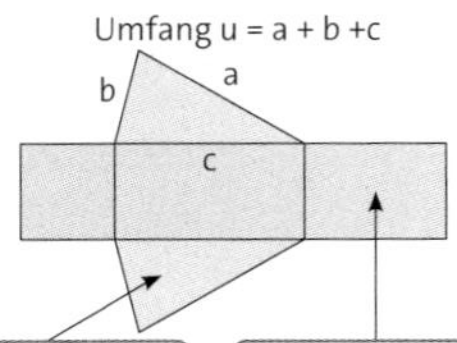

1 **Ordne den Netzen die richtigen Namen und die richtigen Körper zu.**
Trage ein: M für Mantel und G für Grundfläche und Deckel.

(A) der Quader
(B) das Dreiecksprisma
(C) das Sechseckprisma
(D) das Trapezprisma

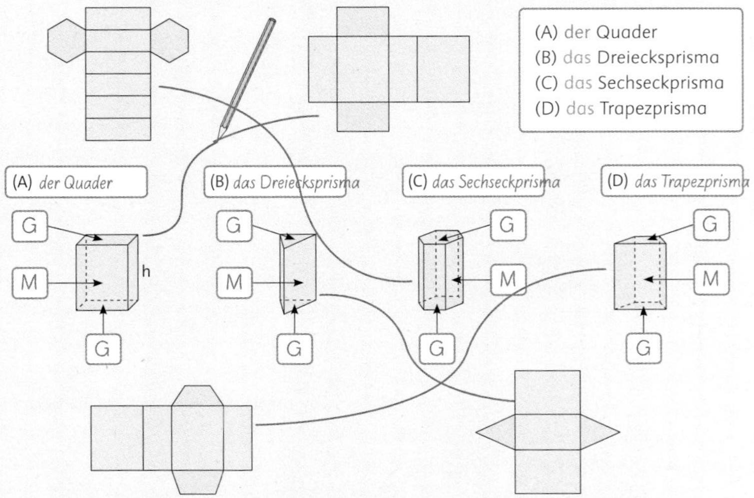

2 **Berechne die Oberfläche des Trapezprismas.**
Ordne den Lösungsschritten die richtige Formel und die richtige Rechnung zu.

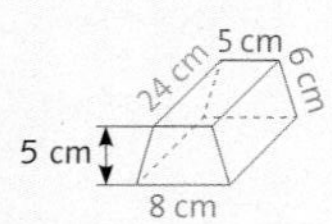

Ich berechne die Grundfläche.	$O = M + 2 \cdot G$	$600 + 2 \cdot 32{,}5 = 665$
Ich berechne die Mantelfläche.	$G = \left(\frac{a+c}{2}\right) \cdot h_T$	$(5 + 8 + 2 \cdot 6) \cdot 24 = 600$
Ich berechne die Oberfläche.	$M = (a + b + c + d) \cdot h$	$(5 + 8) : 2 \cdot 5 = 32{,}5$

Der Oberflächeninhalt beträgt 665 cm².

Der Zylinder

Zylinder haben zwei gleich große Kreisflächen als Grund- und Deckfläche. Zylinder haben ein Rechteck als Mantel. Die Seitenlängen des Mantels sind der Kreisumfang u und die Höhe des Zylinders h.

Formeln für alle Zylinder
Oberfläche: $O = 2 \cdot G + M$
Grundfläche: $G = \pi r^2$
Mantelfläche: $M = 2\pi \cdot r \cdot h$

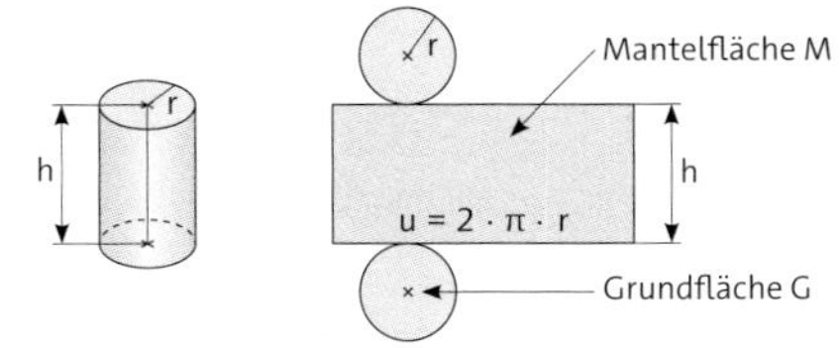

3 **Sieh dir das Schrägbild und das Netz des Zylinders genau an und kreuze die richtigen Eigenschaften an.**

- [ ] Zylinder haben ein Quadrat als Grundfläche.
- [x] Zylinder haben Kreisflächen als Grund- und Deckfläche.
- [ ] Die Grundfläche ist immer größer als die Deckfläche.
- [x] Grund- und Deckfläche sind gleich groß.
- [x] Der Mantel ist ein Rechteck.
- [ ] Die Höhe eines Zylinders ist so groß wie der Radius der Grundfläche.
- [x] Die eine Seite des Mantels entspricht dem Umfang der Grundfläche.

4 **Berechne die gesuchten Größen des Zylinders.**

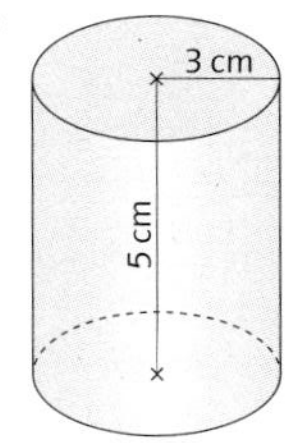

a) Berechne den Oberflächeninhalt.

1. Ich schreibe die Formel auf: $O = 2 \cdot G + M$
2. Ich berechne die Grundfläche und die Mantelfläche.
Dazu schreibe ich die Formeln auf. Dann setze ich die Zahlen ein.
Zum Schluss berechne ich die Lösung.
$G = \pi \cdot r^2 = \pi \cdot 9\ cm^2 \approx 28{,}3\ cm^2$
$M = 2\pi \cdot r \cdot h = 2\pi \cdot 3\ cm \cdot 5\ cm \approx 94{,}2\ cm^2$
3. Ich berechne die Lösung: $O = 2 \cdot G + M = 2 \cdot 56{,}5\ cm^2 + 94{,}2\ cm^2 \approx 207{,}2\ cm^2$

b) Berechne das Volumen in drei Schritten.

1. Ich schreibe die Formel auf: $V = G \cdot h$
2. Ich setze die Zahlen ein: $V \approx 28{,}3\ cm^2 \cdot 5\ cm$
3. Ich berechne die Lösung: $V \approx 141{,}4\ cm^3$

der Kreisumfang, die Kreisumfänge
der Mantel, die Mäntel
die Mantelfläche, die Mantelflächen
die Kreisfläche, die Kreisflächen
die Grundfläche, die Grundflächen
die Deckfläche, die Deckflächen
das Netz, die Netze

5 Beschreibe den Unterschied zwischen einem Quader und einem Zylinder. Bilde Sätze mithilfe der Satzschalttafel. Schreibe vier Sätze in dein Heft.

Die Grundfläche	eines Quaders	besteht aus vier Rechtecken.
		ist ein Rechteck.
Der Mantel	eines Zylinders	ist ein Kreis.

6 Zeichne als Planfigur das Netz des Prismas. Berechne den Oberflächeninhalt.

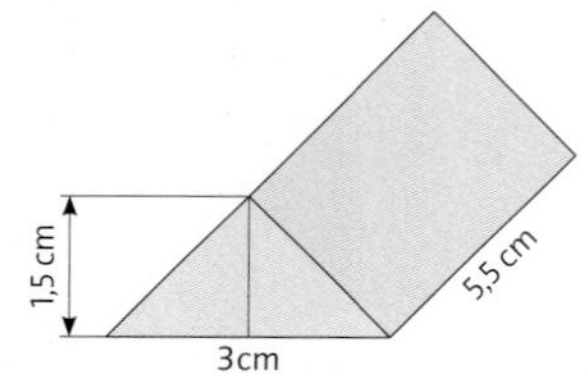

TIPP: Miss alle Seitenlängen des Dreiecks, um den Oberflächeninhalt des Prismas zu berechnen.

Planfigur

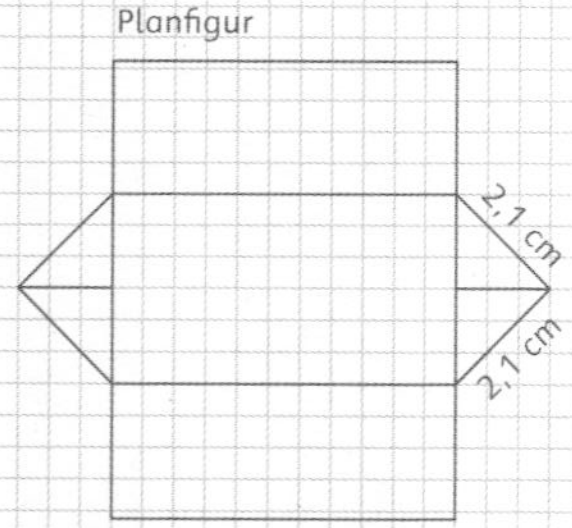

Oberflächeninhalt Formel: $O = 2 \cdot G + M$

Ich setze die Zahlen ein:

Grundfläche: $G = c \cdot \frac{h_c}{2} = \frac{c \cdot h_c}{2} = \frac{6 \cdot 5}{2} = 15\ cm^2$

Mantel: $M = h \cdot (c + a + b) = 12 \times (6 + 4 + 4) = 12 \cdot 14 = 168\ cm^2$

Ich berechne die Oberfläche:

$O = 2 \cdot G + M = 2 \cdot 15 + 168 = 198\ cm^2$

7 Welche Grundfläche gehört zum Zylinder mit dem Mantel M_1? Vervollständige den Antwortsatz.

Die Grundfläche mit dem Radius r_3 gehört zu dem Zylinder.

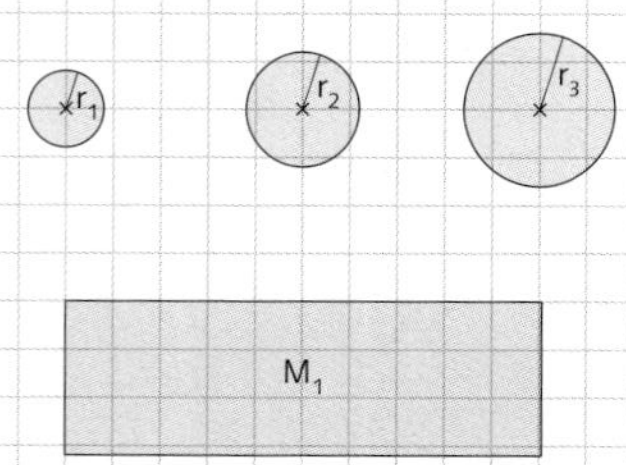

der Unterschied, die Unterschiede
der Kreis, die Kreise
das Rechteck, die Rechtecke
das Netz, die Netze
die Planfigur, die Planfiguren
messen, ich messe
gehören, er/sie gehört

8 Welches Volumen gehört zu welchem Körper?

a) Verbinde die Kärtchen mit dem richtigen Volumen.

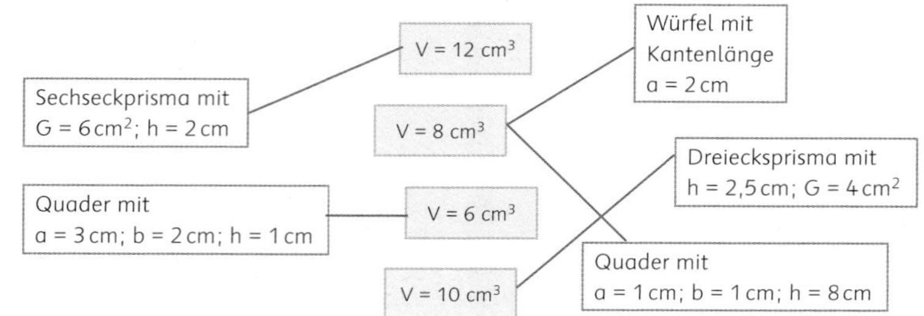

b) Zwei Körper haben das gleiche Volumen. Zeichne ihre Schrägbilder in dein Heft.

9 Limodosen mit einem Inhalt von 0,33 l und 0,5 l haben dieselbe Grundfläche (d = 6,3 cm). Die 0,33-l-Dose ist 11,5 cm hoch.

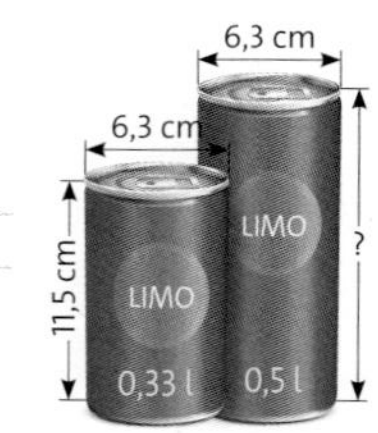

a) Berechne das Volumen der kleinen Dose.

$V = \pi \cdot r^2 \cdot h_{klein} = \pi \cdot (3{,}15\ cm)^2 \cdot 11{,}5\ cm \approx 358{,}5\ cm^3$

b) Passen in die kleine Dose 0,33 l Limonade? (1 l = 1000 ml = 1000 cm³)

Ja,	denn das Volumen der Dose ist	größer	als 330 cm³.
Nein,		kleiner	

c) Wie hoch ist die große Dose? Kreuze zuerst die richtige Formel an und rechne dann. Achte darauf, die richtigen Werte einzusetzen.

☐ $h = \frac{V}{\pi \cdot d^2}$ ☒ $h = \frac{4V}{\pi \cdot d^2}$ ☐ $h = \frac{2V}{\pi \cdot d^2}$ ☐ $h = \frac{\pi \cdot d^2}{V}$

$h = \frac{4V}{\pi \cdot d^2} = \frac{4 \cdot 500\ cm^3}{\pi \cdot (6{,}3\ cm)^2} \approx 16{,}04\ cm$

d) Berechne die Mantelflächen der großen und der kleinen Dose.

$M_1 = u \cdot h_1 = 2 \cdot \pi \cdot r \cdot h_1 = 2 \cdot \pi \cdot \left(\frac{6{,}3\ cm}{2}\right) \cdot 11{,}5\ cm \approx 227{,}61\ cm^2$

$M_2 = u \cdot h_2 = 2 \cdot \pi \cdot r \cdot h_2 = 2 \cdot \pi \cdot \left(\frac{6{,}3\ cm}{2}\right) \cdot 16{,}04\ cm \approx 317{,}5\ cm^2$

die Skizze, die Skizzen
die Kästchendiagonale, die Kästchendiagonalen
der Körper, die Körper
das Schrägbild, die Schrägbilder
entnehmen, ich entnehme
groß, größer am größten
klein, kleiner, am kleinsten

Pyramiden und Kegel untersuchen

Pyramiden und Kegel sind spitze Körper.

1 Trage die Begriffe an der richtigen Stelle ein.

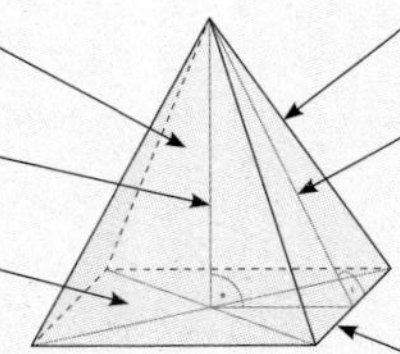

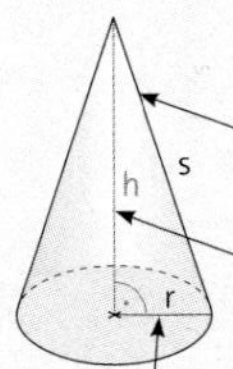

(A) die Grundseite a
(B) die Mantelfläche M
(C) die Höhe des Seitendreiecks h_a
(D) die Seitenlinie s
(E) die Grundfläche G
(F) die Höhe h
(G) der Radius r
(H) die Höhe h
(I) die Mantellinie s

Quadratische Pyramide

Grundfläche: $G = a^2$

Mantel: $M = 4 \cdot \frac{a \cdot h_a}{2} = 2 \cdot a \cdot h_a$

Oberfläche: $O = G + M = a^2 + 2 \cdot a \cdot h_a$

Volumen: $V = \frac{1}{3} G \cdot h = \frac{1}{3} a^2 \cdot h$

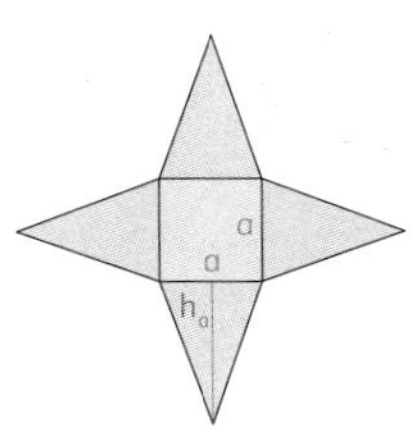

Rechteck-Pyramide

Grundfläche: $G = a \cdot b$

Mantel: $M = 2 \cdot \frac{a \cdot h_a}{2} + 2 \cdot \frac{b \cdot h_b}{2}$

Oberfläche: $O = G + M = a \cdot b + 2 \cdot \frac{a \cdot h_a}{2} + 2 \cdot \frac{b \cdot h_b}{2}$

Volumen: $V = \frac{1}{3} G \cdot h = \frac{1}{3} a \cdot b \cdot h$

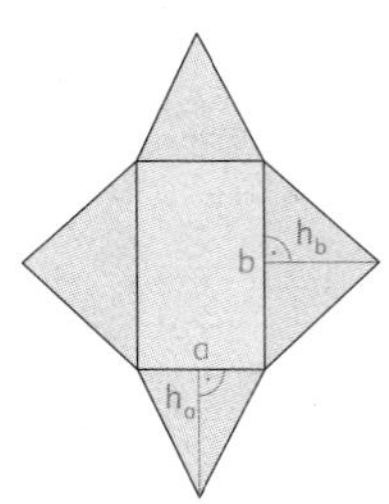

Kegel

Grundfläche $G = \pi \cdot r^2$

Mantel: $M = \pi \cdot r \cdot s$

Oberfläche: $O = G + M = \pi \cdot r^2 + \pi \cdot r \cdot s$

Volumen: $V = \frac{1}{3} G \cdot h = \frac{1}{3} \pi \cdot r^2 \cdot h$

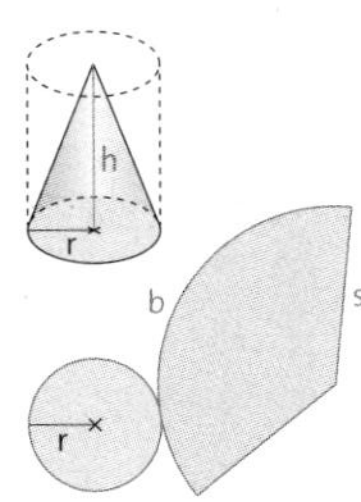

2 Schreibe sechs Sätze in dein Heft.

Eine quadratische Pyramide	hat	ein Quadrat	als Grundfläche.
Eine Rechteck-Pyramide		vier Dreiecke	
		einen Kreisausschnitt	
Ein Kegel		ein Rechteck	als Mantelfläche.
		einen Kreis	

3 Ordne die Zahlen richtig zu.

r = *2,6* cm

s = *3,9 cm*

h = *2,9 cm*

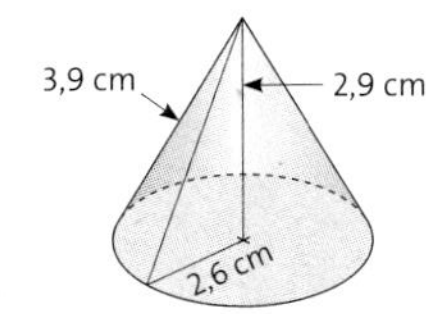

4 Hassan hat beim Berechnen des Volumens falsche Zahlen eingesetzt. Finde die Fehler und korrigiere. Berechne dann das Volumen des Kegels.

Formel: $V = \frac{1}{3} G \cdot h = \frac{\pi \cdot r^2 \cdot h}{3}$

Zahlen einsetzen: ~~$V = \frac{\pi \cdot 6{,}1^2 \cdot 2{,}9}{3}$~~ $V = \frac{\pi \cdot 6{,}1 \cdot 2{,}9^2}{3} = 53{,}7$

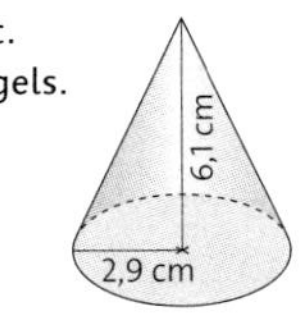

5 Max berechnet die Oberfläche der quadratischen Pyramide. Bringe seine Rechnung in die richtige Reihenfolge und setze die fehlenden Zahlen ein.

6	Lösung berechnen:	$M = \underline{59{,}52}\ cm^2$
1	*Grundfläche* Formel:	$G = a^2$
2	Zahlen einsetzen:	$G = 4{,}8^2$
4	*Mantel* Formel:	$M = 2 \cdot a \cdot h_a$
8	Zahlen einsetzen:	$O = \underline{23{,}04} + \underline{59{,}52}$
3	Lösung berechnen:	$G = \underline{23{,}04}\ cm^2$
7	*Oberfläche* Formel:	$O = G + M$
5	Zahlen einsetzen:	$M = 2 \cdot \underline{4{,}8} \cdot \underline{6{,}2}$
9	Lösung berechnen:	$O = 82{,}56\ cm^2$

TIPP: Zeichne eine Planfigur. Planfiguren zeigen alle gegebenen Seiten. Die gesuchten Seiten werden rot gezeichnet.

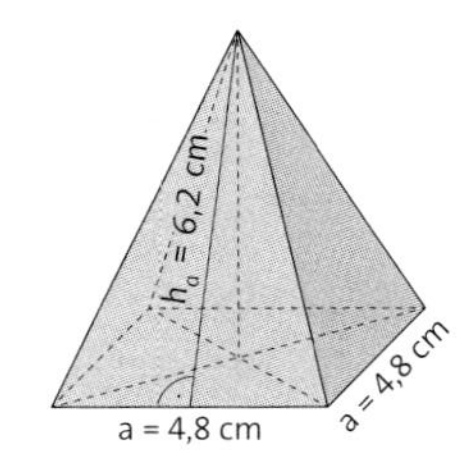

die Pyramide, die Pyramiden
die Planfigur, die Planfiguren

der Kegel, die Kegel
der Kreisausschnitt, die Kreisausschnitte

zuordnen, ich ordne zu
korrigieren, ich korrigiere

6 **Eden berechnet die Oberfläche des Kegels. Bringe ihre Rechnung in die richtige Reihenfolge und setze die fehlenden Zahlen ein.**

9	Lösung berechnen:	$O = 12{,}82\ cm^2$
7	*Oberfläche* Formel:	$O = G + M$
3	Lösung berechnen:	$G = 1{,}13\ cm^2$
5	Zahlen einsetzen:	$M = \pi \cdot 0{,}6 \cdot 6{,}2$
6	Lösung berechnen:	$M = 11{,}69\ cm^2$
1	*Grundfläche* Formel:	$G = \pi \cdot r^2$
8	Zahlen einsetzen:	$O = 1{,}13 + 11{,}69$
4	*Mantelfläche* Formel:	$M = \pi \cdot r \cdot s$
2	Zahlen einsetzen:	$G = \pi \cdot 0{,}6^2$

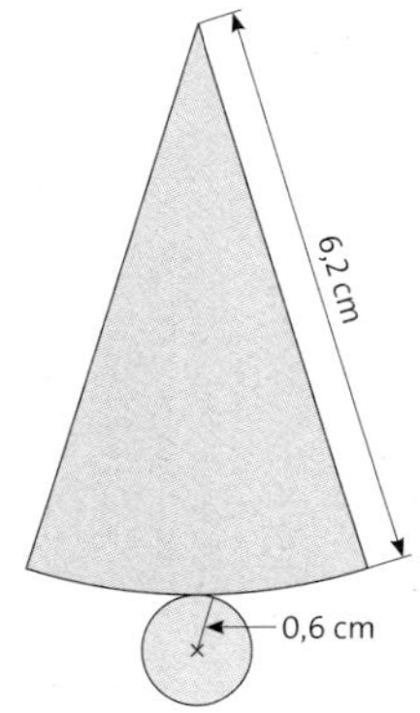

7 **Lena hat die Dachfläche berechnet.**

a) Setze die richtigen Zahlen in Lenas Planfigur ein.

b) Rechne zu Ende.

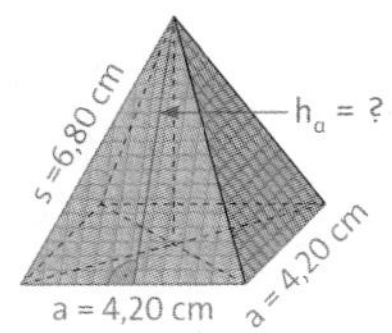

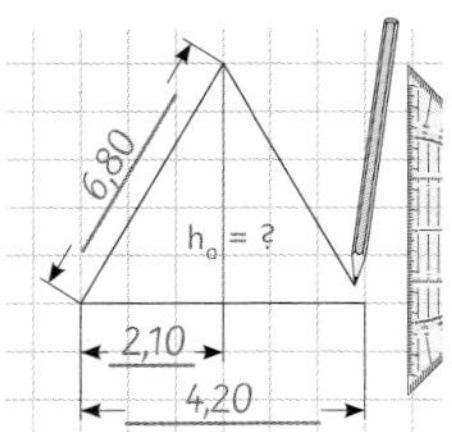

Flächen: 4 gleichschenklige Dreiecke

Satz des Pythagoras: $h_a = \sqrt{s^2 - \left(\frac{a}{2}\right)^2} = \sqrt{6{,}80^2 - \frac{4{,}20^2}{4}}$

$= \sqrt{46{,}24 - 4{,}41} = \sqrt{41{,}88} = 6{,}47\ m$

Die Teilfläche ist ein gleichschenkliges Dreieck.

Teilfläche: $A_{Dreieck} = \frac{a \cdot h_a}{2} = \frac{4{,}20 \cdot 6{,}47}{2} = 13{,}59\ m^2$

Dachfläche: $4 \cdot A_{Dreieck} = 4 \cdot 13{,}59 = 54{,}36\ m^2$

Antwort: Die Dachfläche ist $54{,}36\ m^2$ *groß.*

die Dachfläche, die Dachflächen · die Planfigur, die Planfiguren · die Teilfläche, die Teilflächen · die Form, die Formen · das gleichschenklige Dreieck, die gleichschenkligen Dreiecke

8 **Das Holstentor ist ein Lübecker Wahrzeichen. Der Durchmesser der Türme beträgt 12 m. Die Dächer sind 21 m hoch.**

a) Kreuze die richtige Aussage an.

Die Türme sind zusammengesetzte Körper. Jeder Turm besteht aus…

- … einem Quader und einer Pyramide. ☐
- … einem Kegel und einem Zylinder. ☒
- … einem Zylinder und einer Pyramide. ☐

b) Welchen Radius haben die Türme?

Der Radius der Türme beträgt *6 m.*

c) Die Dächer sollen neu gedeckt werden. Zeichne ein Schrägbild als Planfigur. Trage die gegebenen Größen ein.

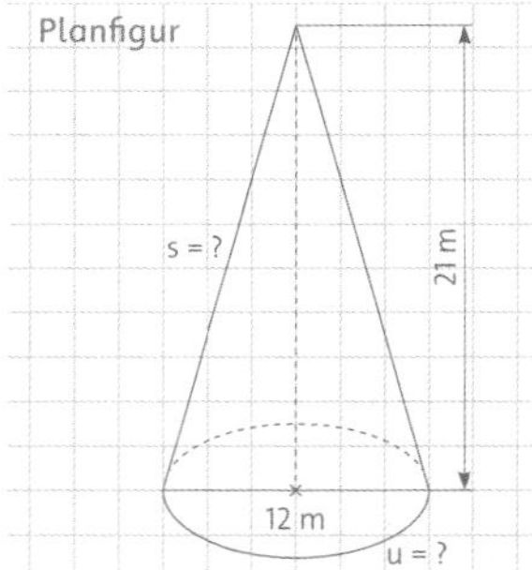

d) Berechne die Mantellinie s.

$s = \sqrt{\left(\frac{d}{2}\right)^2 + h^2}$

$= \sqrt{\left(\frac{12\,m}{2}\right)^2 + (21\,m)^2}$

$= \sqrt{36 + 441}\ m \approx 21{,}84\ m$

e) Berechne die Dachfläche der beiden Türme und vervollständige den Antwortsatz.

Ein Turm: $M = \pi \cdot r \times s \approx \pi \cdot 6 \cdot 21{,}84 \approx 404{,}8\ m^2$

Beide Türme: Dachfläche $= 2 \cdot M \approx 2 \cdot 404{,}8\ m^2$; *also Dachfläche* $\approx 809{,}6\ m^2$

Die beiden Türme haben zusammen eine Dachfläche von $809{,}6\ m^2$.

9 **Sind die Aussagen richtig oder falsch? Kreuze an.**

	richtig	falsch
Ein Kegel hat die gleiche Grundfläche wie eine Pyramide, aber er ist doppelt so hoch. Also hat der Kegel das doppelte Volumen der Pyramide.	X	
Ein Kegel und eine Pyramide haben das gleiche Volumen und sind gleich hoch. Dann hat der Kegel die größere Grundfläche.		X
Ein Quader hat die gleiche Grundfläche wie eine Pyramide und ist dreimal so hoch. Dann hat er das neunfache Volumen der Pyramide.	X	

das Tor, die Tore · der Turm, die Türme · das Wahrzeichen, die Wahrzeichen · zusammengesetzt · decken, es wird gedeckt

1 Bestimme das Volumen des Prismas. Die Seitenlängen findest du in der Zeichnung.

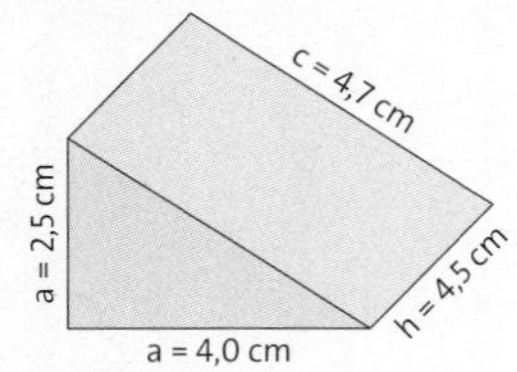

Maße: $a = 4{,}0\,cm$, $b = 2{,}5\,cm$, $b = 4{,}7\,cm$, $h = 4{,}5\,cm$

Formel: $V = \frac{a \cdot b}{2} h$

Ich setze die Zahlen ein: $V = \frac{4 \cdot 2{,}5}{2} \cdot 4{,}5$

Ich berechne die Lösung: $V = 22{,}5\,cm^3$

2 Die Regentonne hat einen Durchmesser von 50 cm und sie ist 1,20 m hoch. Wie viel Liter Wasser passen in die Tonne? Runde auf ganze Liter.

Formel: $V = \pi \cdot r^2 \cdot h$

Ich setze die Zahlen ein: $V = \pi \cdot 25^2 \cdot 120$

Ich berechne die Lösung: $V = 235\,619{,}4\,cm^3 \approx 236$ Liter

3 Eden und Max basteln für ein Fest 6 spitze Hüte aus Pappe.

a) Wie viel Glitzerpapier brauchen sie zum Bekleben der Hüte?

Formel: $6 \cdot M = 6 \cdot \pi \cdot r \cdot s$

Ich setze die Zahlen ein: $6 \cdot M = 6 \cdot \pi \cdot 9\,cm \cdot 38\,cm$

Ich berechne die Lösung: $6 \cdot M = 6 \cdot 1074{,}4 = 6446{,}54\,cm^2$

Antwort: Eden und Max brauchen $6446{,}54\,cm^2$ Glitzerpapier.

b) Wie viel goldenes Band brauchen sie für den Rand der Hüte?

Formel: $6 \cdot u = 6 \cdot 2 \cdot \pi \cdot r$

Ich setze die Zahlen ein: $6 \cdot u = 6 \cdot 2 \cdot \pi \cdot 9$

Ich berechne die Lösung: $6 \cdot u = 6 \cdot 56{,}55\,cm = 339{,}3\,cm$

Antwort: Eden und Max brauchen 339,3 cm goldenes Band.

 ☺ das kann ich gut ☺ das kann ich einigermaßen ☹ das muss ich noch üben

1 Ordne die Ergebnismengen Ω richtig zu.

a) Ω = {0, 1, 2, 3, 4, … 35, 36}
b) Ω = {1, 2, 3}
c) Ω = {gelb, orange, rosa, lila, braun}
d) Ω = {Kopf, Zahl}
e) Ω = {1, 2, 3, 4, 5, 6}
f) Ω = {gelb, orange, lila}

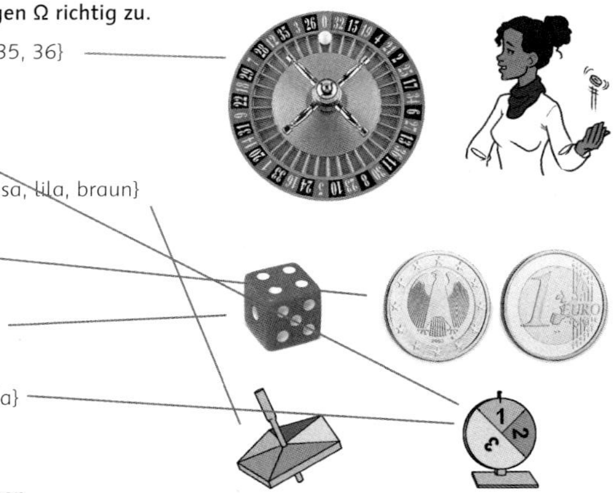

2 Beschrifte die Abbildungen.

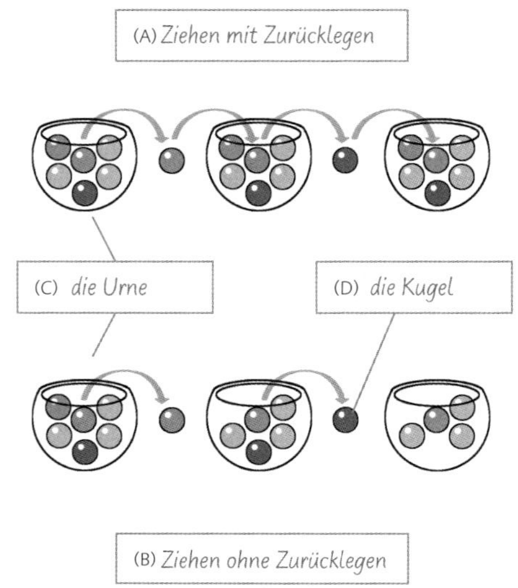

(A) Ziehen mit Zurücklegen
(B) Ziehen ohne Zurücklegen
(C) die Urne
(D) die Kugel

das Glücksrad, die Glücksräder
der Farbkreisel, die Farbkreisel
der Sektor, die Sektoren
die Urne, die Urnen
die Kugel, die Kugeln
das Ergebnis, die Ergebnisse
die Ergebnismenge, die Ergebnismengen

Relative Häufigkeiten und Laplace-Experimente verstehen

1 Ergänze die Tabelle. Ordne die Begriffe richtig zu.

(F) *das Zufallsexperiment*

(B) *das Ergebnis*

(A) die Wahrscheinlichkeit
(B) das Ergebnis
(C) die relative Häufigkeit
(D) die absolute Häufigkeit
(E) die Ergebnismenge
(F) das Zufallsexperiment

die Farbe					
(D) *die absolute Häufigkeit*	7	5	4	6	3
(C) *die relative Häufigkeit*	$\frac{7}{25}$	$\frac{5}{25}$	$\frac{4}{25}$	$\frac{6}{25}$	$\frac{3}{25}$
(A) *die Wahrscheinlichkeit P (f)*	$\frac{1}{5}$	$\frac{1}{5}$	$\frac{1}{5}$	$\frac{1}{5}$	$\frac{1}{5}$

Ω = {gelb, orange, rosa, lila, braun} — (E) *die Ergebnismenge*

2 Zwei Würfel werden gleichzeitig geworfen. Ordne richtig zu.

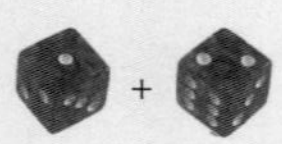

Die Augensumme …

das unmögliche Ereignis — die Ereignismenge — das Ereignis — das sichere Ereignis

- ist eine Primzahl.
- ist ungerade.
- ist kleiner als 13.
- ist größer als 8.
- ist durch 3 teilbar.
- ist gerade.
- ist höchstens 8.
- ist 1.

- A = {9, 10, 11, 12}
- B = {2, 4, 6, 8, 10, 12}
- C = { }
- D = {2, 3, 5, 7, 11}
- E = {2, 3, 4, 5, 6, 7, 8}
- F = {3, 6, 9, 12}
- G = {3, 5, 7, 9, 11}
- H = {2, 3, 4, …, 11, 12} = Ω

3 Zwei Würfel werden gleichzeitig geworfen. Gib das Gegenereignis an. Formuliere es in Worten.

Jedes Ereignis und sein Gegenereignis ergeben zusammen die Ergebnismenge. $A \cup \bar{A} = \Omega$

a) A: Die Augensumme ist prim. A = {2, 3, 5, 7, 11}
$\bar{A}$ = {4, 6, 8, 9, 10, 12}. Die Augensumme ist nicht prim.

b) B: Die Augensumme ist gerade. B = {2, 4, 6, 8, 10, 12}
$\bar{B}$ = {3, 5, 7, 9, 11}. Die Augensumme ist ungerade.

c) C: Die Augensumme ist durch 3 teilbar. C = {3, 6, 9, 12}
$\bar{C}$ = {2, 4, 5, 7, 8, 10, 11}. Die Augensumme ist nicht durch 3 teilbar.

d) D: Die Augensumme ist höchstens 8. D = {2, 3, 4, 5, 6, 7, 8}
$\bar{D}$ = {9, 10, 11, 12}. Die Augensumme ist größer als 8.

4 Würfle mit einem Würfel 50-mal.

a) Fülle die Zeile „Strichliste" in der Tabelle aus..

Augenzahl						
Strichliste:						
Absolute Häufigkeit:						
Relative Häufigkeit:						

b) Ergänze die absoluten und relativen Häufigkeiten.
c) Bilde richtige Aussagen mit den Werten aus der Teilaufgabe a).

Die	absolute / relative	Häufigkeit der Zahl	1 / 2 / …	ist	…

Die absolute Häufigkeit der Zahl 1 ist …

die Augenzahl, die Augenzahlen
die Strichliste, die Strichlisten
das Gegenereignis, die Gegenereignisse
die absolute/relative Häufigkeit,
die absoluten/relativen Häufigkeiten

das Glücksrad, die Glücksräder
das Ereignis, die Ereignisse
der Würfel, die Würfel
würfeln, würfle!

gerade – ungerade
prim – nicht prim
teilbar – nicht teilbar
mindestens – größer als
höchstens – kleiner als

5 Ergänze die Tabellen.

a) 50-maliges Werfen einer Münze:

die Seite		
die absolute Häufigkeit	23	27
die relative Häufigkeit	$\frac{23}{50}$	$\frac{27}{50}$
die Wahrscheinlichkeit	$\frac{1}{2}$	$\frac{1}{2}$

b) 40-maliges Drehen des Glücksrads:

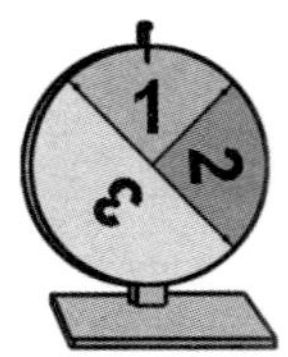

die Farbe	gelb	orange	lila
die absolute Häufigkeit	19	9	12
die relative Häufigkeit	$\frac{19}{40}$	$\frac{9}{40}$	$\frac{12}{40}$
die Wahrscheinlichkeit	$\frac{1}{2}$	$\frac{1}{4}$	$\frac{1}{4}$

6 Kreuze alle möglichen Ergebnismengen an.

a)

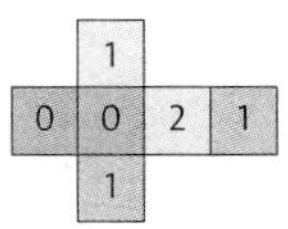

- [X] Ω = {0, 1, 2}
- [X] Ω = {gelb, lila, braun}
- [ ] Ω = {1, 2, 3, 4, 5, 6}
- [X] Ω = {0l, 1g, 1b, 2g}

b)

- [X] Ω = {0, 1, 2, 3, ... , 36}
- [X] Ω = {0, gerade, ungerade}
- [ ] Ω = {rot, schwarz}
- [X] Ω = {0, rot, schwarz}
- [X] Ω = {0, größer 0}

c)

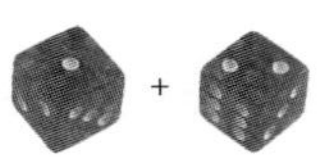

- [X] Ω = {2, 3, 4, 5 , ..., 11, 12}
- [X] Ω = {Pasch, kein Pasch}
- [ ] Ω = {Summe kleiner 7, Summe größer 7}
- [X] Ω = {Summe kleiner 7, Summe mindestens 7}

d)

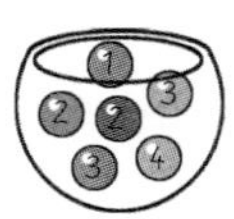

- [X] Ω = {orange, türkis, braun}
- [X] Ω = {o1, o2, o3, b2, t3, t4}
- [ ] Ω = {1, 2, 2, 3, 3, 4}
- [X] Ω = {orange, nicht orange}

die Ergebnismenge, die Ergebnismengen
die Ereignismenge, die Ereignismengen
die Augensumme, die Augensummen

das Ergebnis, die Ergebnisse
das Ereignis, die Ereignisse

der Würfel, die Würfel
der Pasch, die Päsche

7 Laplace-Experiment oder nicht?
Schreibe jeweils einen Satz.

Bei einem Laplace-Experiment ist jedes Ergebnis gleich wahrscheinlich.

	ist ein Laplace-Experiment,	weil die Wahrscheinlichkeit	von jedem Ergebnis gleich ist.
	ist kein Laplace-Experiment,		der einzelnen Ergebnisse unterschiedlich ist.

a) *Das Werfen einer Münze ist ein Laplace-Experiment, weil die Wahrscheinlichkeit von jedem Ergebnis gleich ist.*

b) *Die Augensumme beim Werfen zweier Würfel ist kein Laplace-Experiment, weil die Wahrscheinlichkeit der einzelnen Ergebnisse unterschiedlich ist.*

c) *Das Drehen des Glücksrads ist kein Laplace-Experiment, weil die Wahrscheinlichkeit der einzelnen Ergebnisse unterschiedlich ist.*

d) *Das Werfen eines Würfels ist ein Laplace-Experiment, weil die Wahrscheinlichkeit von jedem Ergebnis gleich ist.*

8 Kreuze die richtige Wahrscheinlichkeit an und verbinde.

a) 

- [X] $P(6) = \frac{1}{6}$
- [ ] $P(6) = \frac{1}{3}$

b) 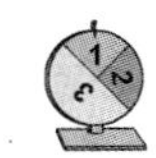

- [X] $P(gelb) = \frac{1}{2}$
- [ ] $P(gelb) = \frac{1}{6}$

c) 

- [ ] $P(rot) = \frac{1}{2}$
- [X] $P(rot) = \frac{18}{37}$

d) 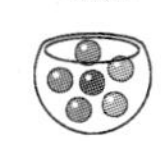

- [X] $P(braun) = \frac{1}{6}$
- [ ] $P(braun) = \frac{1}{3}$

e) 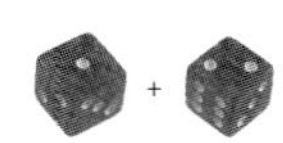

- [ ] $P(12) = \frac{1}{6}$
- [X] $P(12) = \frac{1}{36}$

die Wahrscheinlichkeit für die Farbe Rot

die Wahrscheinlichkeit für das Ziehen der braunen Kugel

die Wahrscheinlichkeit für das Würfeln der Zahl 6

die Wahrscheinlichkeit für die Augensumme 12

die Wahrscheinlichkeit für den gelben Sektor

die Wahrscheinlichkeit, die Wahrscheinlichkeiten
das Glücksrad, die Glücksräder

das Laplace-Experiment, die Laplace-Experimente

der Würfel, die Würfel
der Pasch, die Päsche

Zweistufige Zufallsexperimente untersuchen

1 Aus einer Urne werden zwei Kugeln ohne Zurücklegen gezogen.

a) Beschrifte die Abbildung.

(B) *das Baumdiagramm*

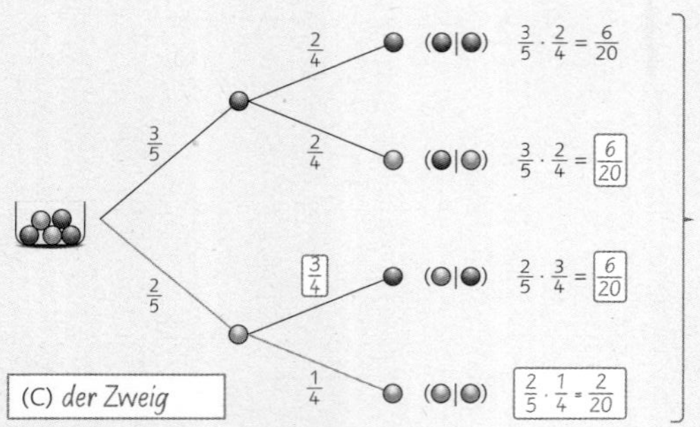

(C) *der Zweig*

(D) *der Pfad*

(A) *das Ergebnis*

(A) das Ergebnis
(B) das Baumdiagramm
(C) der Zweig
(D) der Pfad

$\frac{6}{20} + \frac{6}{20} + \frac{6}{20} + \frac{2}{20} = 1$

Die Summe der einzelnen Wahrscheinlichkeiten ist 1.

b) Ergänze die fehlenden Wahrscheinlichkeiten.

2 Ergänze die fehlenden Werte.

Junge: J
Mädchen: M
blond: B
schwarz: S

Relative Häufigkeiten gibt man in Prozent oder als Bruchzahlen an.

die absolute Häufigkeit

	B	S	
J	2	4	6
M	3	4	7
	5	8	13

die Vierfeldertafel

P(B ∩ J)
Man sagt: P von B **und** J

P(M ∪ S)
Man sagt: P von M **oder** S

die relative Häufigkeit

	B	S	
J	$\frac{2}{13}$	$\frac{4}{13}$	$\frac{6}{13}$
M	$\frac{3}{13}$	$\frac{4}{13}$	$\frac{7}{13}$
	$\frac{5}{13}$	$\frac{8}{13}$	$\frac{13}{13} = 1$

die Vierfeldertafel

3 Du ziehst aus einer Urne mit vier rosa Kugeln und einer grauen Kugel zweimal ohne Zurücklegen.

a) Ergänze die fehlenden Wahrscheinlichkeiten auf den Zweigen und für jeden Pfad.

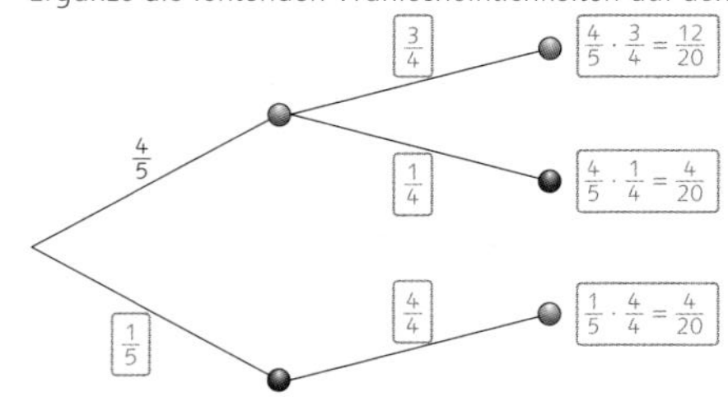

b) Berechne die Wahrscheinlichkeit, dass genau eine rosa Kugel gezogen wird.

P(einmal rosa) $= \frac{4}{5} \cdot \frac{1}{4} + \frac{1}{5} \cdot \frac{4}{4} = \frac{8}{20}$

4 Gegeben sind drei unterschiedliche Zufallsexperimente.

a) Ordne die Baumdiagramme richtig zu.

(1) Du drehst einen Kreisel mit fünf gleich großen Sektoren, davon drei orange und zwei violett, zwei Mal.

(2) Du ziehst aus einer Tüte mit vier orangen und sechs violetten Bonbons zwei Bonbons nacheinander heraus.

(3) Du ziehst aus einem Schrank mit drei orangen und zwei violetten Socken zwei Socken nacheinander heraus.

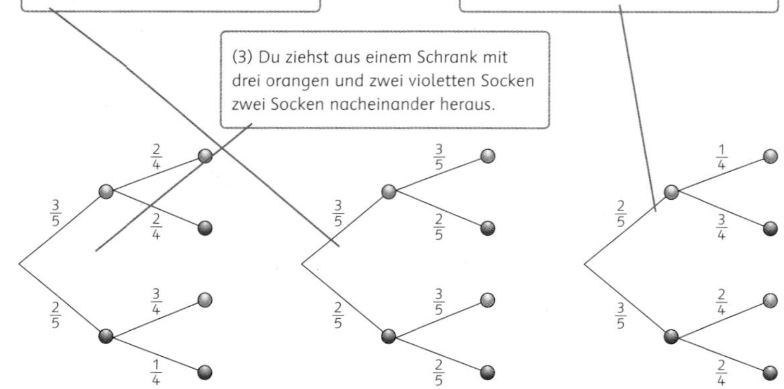

b) Zufallsexperiment mit oder ohne Zurücklegen? Kreuze an.

mit Zurücklegen:	☒ 1	☐ 2	☐ 3
ohne Zurücklegen:	☐ 1	☒ 2	☒ 3

die Socke, die Socken
die Tüte, die Tüten

das Bonbon, die Bonbons
das Baumdiagramm, die Baumdiagramme

der Kreisel, die Kreisel
der Schrank, die Schränke
herausziehen, du ziehst heraus
nacheinander

5 **Du wirfst eine Münze und anschließend ein Tetraeder.**

a) Vervollständige das zugehörige Baumdiagramm. Ergänze auch die Wahrscheinlichkeiten.

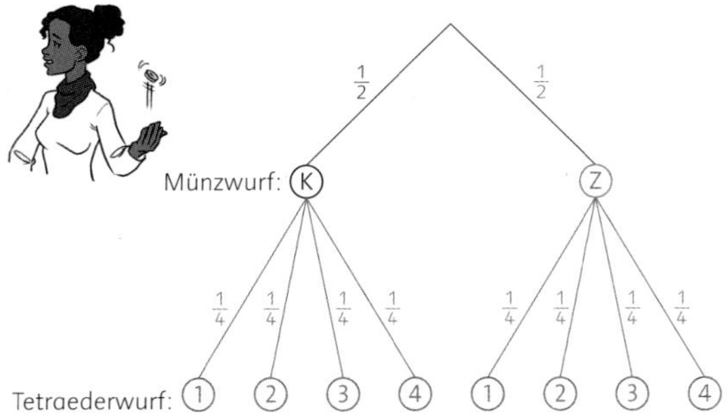

b) Gib die Ergebnismenge an.

Ω = {K1, K2, K3, K4, Z1, Z2, Z3, Z4}

6 **Eine Umfrage unter 1000 Personen ergab folgendes Ergebnis.**

a) Ergänze die fehlenden absoluten Häufigkeiten in der Vierfeldertafel.

Männlich: M
Weiblich: W
hat ein Fahrrad: F
hat kein Fahrrad: $\overline{F}$

	M	W	
F	380	300	680
$\overline{F}$	150	170	320
	530	470	1000

b) Kreuze die richtige relative Häufigkeit an:

Eine zufällig gewählte Person ist männlich.

- [x] $P(M) = \frac{530}{1000}$
- [ ] $P(M) = \frac{380}{1000}$

Eine zufällig gewählte Person ist weiblich und hat ein Fahrrad.

- [x] $P(W \cap F) = \frac{300}{1000}$
- [ ] $P(W \cap F) = \frac{470}{1000}$

die Vierfeldertafel, die Vierfeldertafeln | das Fahrrad, die Fahrräder | der Münzwurf,
die Münze, die Münzen | das Tetraeder, die Tetraeder | die Münzwürfe
die Umfrage, die Umfragen | das Baumdiagramm, die Baumdiagramme | ergeben, er/sie ergab

7 **Gegeben ist die folgende Vierfeldertafel der relativen Häufigkeiten.**

a) Ergänze die fehlenden relativen Häufigkeiten.

Raucher: R
Nichtraucher: $\overline{R}$
im Fußballverein: F
nicht im Fußballverein: $\overline{F}$

	R	$\overline{R}$	
F	$\frac{10}{80}$	$\frac{44}{80}$	$\frac{54}{80}$
$\overline{F}$	$\frac{14}{80}$	$\frac{12}{80}$	$\frac{26}{80}$
	$\frac{24}{80}$	$\frac{56}{80}$	1

b) Ordne den Ereignissen die richtigen Wahrscheinlichkeiten zu

Die Person ist Raucher und im Fußballverein. — $\frac{10}{80}$

Die Person ist Nichtraucher. — $\frac{56}{80}$

Eine Person im Fußballverein ist Raucher. — $\frac{10}{54}$

$\frac{56}{80}$ $\frac{10}{24}$ $\frac{10}{54}$ $\frac{10}{80}$

8 **Lies den Text und fülle die Vierfeldertafel aus.**

Die 30 Schüler einer Schulklasse werden befragt. Von den 17 Jungen geben 5 als Lieblingsfach Sport an. Insgesamt haben 8 Schüler Sport als Lieblingsfach.

a) Benenne die Ereignisse im Kasten rechts.
b) Fülle die Vierfeldertafel mit den relativen Häufigkeiten.

Junge: J
Mädchen: M
Lieblingsfach Sport: S
anderes Lieblingsfach: $\overline{S}$

	J	M	
S	$\frac{5}{30}$	$\frac{3}{30}$	$\frac{8}{30}$
$\overline{S}$	$\frac{12}{30}$	$\frac{10}{30}$	$\frac{22}{30}$
	$\frac{17}{30}$	$\frac{13}{30}$	1

die Vierfeldertafel, die Vierfeldertafeln | das Lieblingsfach, | der Raucher, die Raucher
die relative Häufigkeit, die relativen Häufigkeiten | die Lieblingsfächer | der Sport, –
die Schulklasse, die Schulklassen | das Ereignis, die Ereignisse | der Verein, die Vereine

1 Zufallsexperiment oder nicht? Kreuze an.

a) Werfen eines Würfels

- [X] Zufallsexperiment
- [X] Laplace-Experiment
- [ ] kein Zufallsexperiment

b) Messen eines Winkels

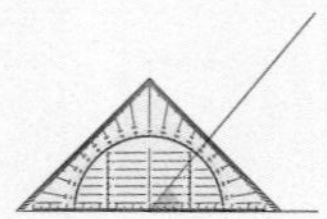

- [ ] Zufallsexperiment
- [ ] Laplace-Experiment
- [X] kein Zufallsexperiment

c) Werfen eines Reißnagels

- [X] Zufallsexperiment
- [ ] Laplace-Experiment
- [ ] kein Zufallsexperiment

2 Ein zweistufiges Zufallsexperiment wurde 250 Mal durchgeführt.

a) Ergänze die fehlenden Werte der relativen Häufigkeiten.

b) Kreuze die richtige relative Häufigkeit an.

	A	$\overline{A}$	
B	34 %	18 %	52 %
$\overline{B}$	28 %	20 %	48 %
	62 %	38 %	1

$P(\overline{A}) =$ [X] 38 % [ ] 62 %

$P(A \cap B) =$ [X] 34 % [ ] 80 %

$P(A \cup B) =$ [X] 80 % [ ] 20 %

c) Kreuze die richtige absolute Häufigkeit an.

A: [X] 155 [ ] 62

$\overline{B}$: [ ] 130 [X] 120

$A \cap B$: [ ] 34 [X] 85

3 Ergänze die fehlenden Wahrscheinlichkeiten. Kreuze mögliche Urneninhalte an.

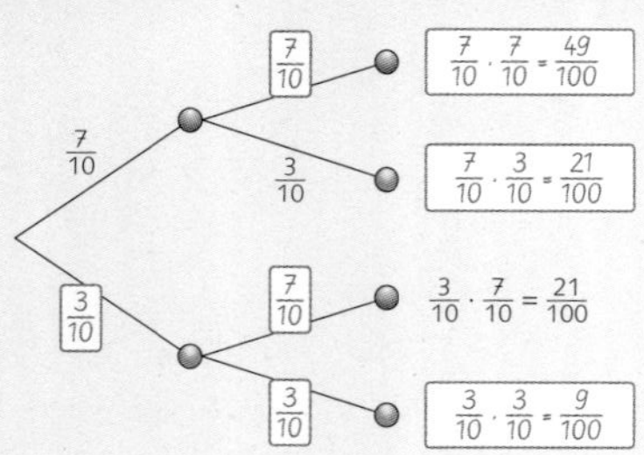

- [ ] 3 türkis, 7 orange
- [X] 7 türkis, 3 orange
- [X] 21 türkis, 9 orange
- [ ] 10 türkis, 3 orange

das kann ich gut — das kann ich einigermaßen — das muss ich noch üben

Interpretieren	Eden und Amina arbeiten in einem Bekleidungsgeschäft. Eden verdient 11 € in einer Stunde, Amina 13 €. Interpretiere die Rechnung 13 € – 11 € im Zusammenhang.	Was bedeutet das Ergebnis der Rechnung 13 € – 11 € = 2 € für Eden und Amina?	Solche Aufgaben sind in Geschichten eingebunden. Du musst das Ergebnis deiner Rechnung in einen Zusammenhang mit dieser Geschichte bringen.
Widerlegen	Widerlege die Aussage: In jedem Dreieck sind alle Winkel spitz.	Warum gilt die Aussage „In jedem Dreieck sind alle Winkel spitz" nicht?	Solche Aussagen sind falsch. Es genügt, wenn du ein Beispiel findest, für das die Aussage nicht zutrifft.

1 Übersetze die Fragen in Anweisungen. Nutze die angegebenen Wörter.

Begründe, Bestimme, Gib an, ~~Erkläre~~, Vergleiche

a) Was ist ein Laplace-Experiment?

Erkläre, was ein Laplace-Experiment ist.

b) Wie groß ist das Volumen eines Zylinders mit r = 3 cm und h = 5 cm?

Bestimme das Volumen eines Zylinders mit r = 3 cm und h = 5 cm.

c) Warum hat der Graph jeder linearen Funktion genau eine Nullstelle?

Begründe, dass der Graph jeder linearen Funktion genau eine Nullstelle hat.

d) Was haben eine Pyramide und ein Kegel gemeinsam? Was unterscheidet sie?

Vergleiche Pyramide und Kegel.

e) Wie lautet die 3. binomische Formel?

Gib die 3. binomische Formel an.

2 In diesem Arbeitsheft findest du sowohl Aufgaben, die als Fragen formuliert sind, als auch Aufgaben, die als Anweisungen gestellt sind. Übersetze sie in deinem Heft in die andere Schreibweise.

Beispiele:

S. 5 / 2 Was passiert in dem Bild?
Beschreibe, was in dem Bild passiert.

S. 7 / 6 b) Berechne, wie viele Kinder jeweils aus den Ländern kommen.
Wie viele Kinder kommen aus den Ländern?

S. 9 / 11 a) Wie viel hat das T-Shirt vorher gekostet?
Berechne, wie viel das T-Shirt vorher gekostet hat.

Inhaltsverzeichnis

1 Wo findest du Prozentwerte im Alltag? Verbinde.

der Zins
der Rabatt
der Kredit
die Bankfiliale
das Bekleidungsgeschäft
das Sparkonto

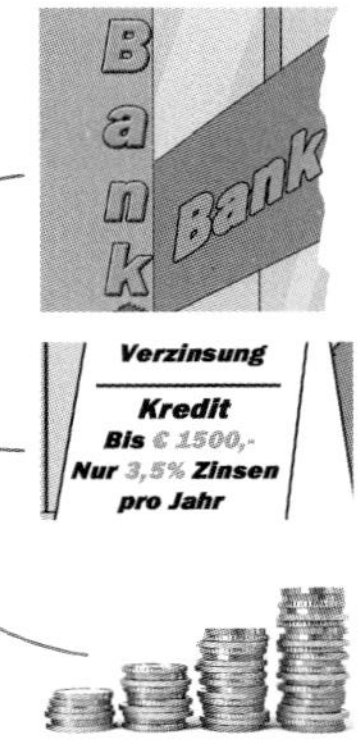

2 Was siehst du auf dem Bild auf Seite 4? Verbinde.

Die Bankfiliale	wirbt für	ein Sparkonto.
Die Kinder	probiert	einen Kredit.
Amina	wirbt für	ein T-Shirt an.
Das Bekleidungsgeschäft	macht Werbung für	reduzierte Hosen.
Die Bankfiliale	sprechen über	die Plakate.

3 Setze den passenden Ausdruck ein, so dass beide Sätze das Gleiche bedeuten.

ein Viertel
75 %
~~50 %~~
~~alle~~
die Hälfte

a) Die Hälfte der Schüler ist in einem Sportverein.
50 % der Schüler sind in einem Sportverein.

b) Hassan hat 100 % der Aufgaben bearbeitet.
Hassan hat alle Aufgaben bearbeitet.

c) Der Preis ist um 25 % reduziert.
Der Preis ist um ein Viertel reduziert.

d) Sind schon 50 % der Äpfel verkauft?
Ist schon die Hälfte der Äpfel verkauft?

e) Drei Viertel der Schüler in der Klasse tragen keine Brille.
75 % der Schüler in der Klasse tragen keine Brille.

der Schlussverkauf, die Schlussverkäufe
der Jahreszins, die Jahreszinsen
das Konto, die Konten
die Zinsrechnung, –
die Prozentrechnung, –
werben, er/sie wirbt
Werbung machen, er/sie macht Werbung
verzinsen, er/sie verzinst
anprobieren, er/sie probiert an
Geld anlegen, er/sie legt Geld an
einen Kredit aufnehmen, er/sie nimmt einen Kredit auf

Klasse 8 – 10

prima ankommen
im Fachunterricht

Mathematik

Arbeitsbuch DaZ

Lösungen

Cornelsen

5 Dreiecke untersuchen 56–67

6 Geometrische Körper untersuchen 68–79

7 Wahrscheinlichkeiten betrachten 80–91

8 Tests verstehen 92–95

1 Mit Prozenten und Zinsen arbeiten

1. Wofür wirbt das Geschäft?
2. Wofür macht die Bank Werbung?
3. Welche Bedeutung hat das Prozentsymbol auf den Plakaten?

der Rabatt, die Rabatte
der Preisnachlass, –
der Zins, die Zinsen
der Kredit, die Kredite
die Werbung, –
die Verzinsung, die Verzinsungen
die Fußgängerzone, die Fußgängerzonen
die Bank, die Banken
das Geschäft, die Geschäfte
das Plakat, die Plakate
das Sparkonto, die Sparkonten
jährlich, pro Jahr
reduzieren, er/sie reduziert
verzinsen, er/sie verzinst

1 Wo findest du Prozentwerte im Alltag? Verbinde.

der Zins
der Rabatt
der Kredit
die Bankfiliale
das Bekleidungsgeschäft
das Sparkonto

2 Was siehst du auf dem Bild auf Seite 4? Verbinde.

Die Bankfiliale	wirbt für	ein Sparkonto.
Die Kinder	probiert	einen Kredit.
Amina	wirbt für	ein T-Shirt an.
Das Bekleidungsgeschäft	macht Werbung für	reduzierte Hosen.
Die Bankfiliale	sprechen über	die Plakate.

3 Setze den passenden Ausdruck ein, so dass beide Sätze das Gleiche bedeuten.

ein Viertel
75 %
~~50 %~~
~~alle~~
die Hälfte

a) Die Hälfte der Schüler ist in einem Sportverein.

50 % der Schüler sind in einem Sportverein.

b) Hassan hat 100% der Aufgaben bearbeitet.

Hassan hat alle Aufgaben bearbeitet.

c) Der Preis ist um 25% reduziert.

d) Sind schon 50% der Äpfel verkauft?

e) Drei Viertel der Schüler in der Klasse tragen keine Brille.

der Schlussverkauf, die Schlussverkäufe
der Jahreszins, die Jahreszinsen
das Konto, die Konten
die Zinsrechnung, –
die Prozentrechnung, –
werben, er/sie wirbt
Werbung machen, er/sie macht Werbung
verzinsen, er/sie verzinst
anprobieren, er/sie probiert an
Geld anlegen, er/sie legt Geld an
einen Kredit aufnehmen, er/sie nimmt einen Kredit auf

Mit Prozenten rechnen

1 Das Prozentsymbol „%" bedeutet „pro Einhundert". Prozente geben Anteile vom Ganzen an. Du kannst sie in Brüche umwandeln und als Dezimalbrüche schreiben. Schreibe die Zahlen an die richtige Stelle in der Tabelle.

Prozent	10 %	20 %		50 %		100 %
Bruch	$\frac{10}{100} = \frac{1}{10}$		$\frac{25}{100} = \frac{1}{4}$			
Dezimalbruch	0,1				0,75	

2 In Aufgaben zur Prozentrechnung gibt es immer einen Grundwert, einen Prozentwert und den Prozentsatz.
Erfan merkt sich die Bedeutung der Wörter mit einer Aufgabe: „Eine Hose kostete 80 €. Im Schlussverkauf kostet sie nur noch 75 % des alten Preises. Das sind 60 €."

Wonach ist in den Aufgaben gefragt? Verbinde die Aufgaben mit den richtigen Rechnungen.

Eine Hose kostete 80 €. Jetzt kostet sie nur noch 75 % des alten Preises.

Eine Hose kostet nur noch 60 €. Sie wurde um 75 % reduziert.

Eine Hose kostet noch 60 €. Vorher kostete sie 80 €.

Prozentsatz: $75\,\% = \frac{60\,€}{80\,€}$

Prozentwert: $60\,€ = 75\,\% \cdot 80\,€$

Grundwert: $80\,€ = \frac{60\,€}{75\,\%}$

3 Amina löst eine andere Aufgabe: „Eine Tasche kostet nur noch 84 Euro. Das sind 60 Prozent des ursprünglichen Preises. Was hat die Tasche vorher gekostet?"

Sie berechnet den Grundwert lieber mit dem Dreisatz. Sie überlegt zuerst, was zehn Prozent entspricht. Dann rechnet sie das Ganze aus. Ergänze ihre Rechenschritte.

	60 %	sind	84 €	
: 6				: 6
	10 %	sind	☐ €	
· 10				· 10
	100 %	sind	☐ €	

4 Ordne der Aufgabe den richtigen Prozentwert zu. Verbinde.

Aufgabe	Prozentwert
fünfzig Prozent von neunzig Euro	4 €
achtzig Prozent von einhundertzwanzig Euro	18 €
vierzig Prozent von achtzig Euro	75 €
fünfundzwanzig Prozent von zwanzig Euro	32 €
dreißig Prozent von sechzig Euro	5 €
zehn Prozent von vierzig Euro	45 €
fünfzehn Prozent von fünfhundert Euro	96 €

5 Berechne den Prozentwert. Schreibe Antwortsätze wie im Beispiel.

18 % · 500 min =	*90 min*	*18 % von 500 min sind 90 min.*
15 % · 300 cm =		
25 % · 76 € =		
30 % · 120 kg =		
65 % · 120 € =		
70 % · 70 m =		
50 % · 84 kg =		

6 In Lenas Klasse sind 30 Schülerinnen und Schüler. Sie stellt die Herkunftsländer der Kinder in einem Kreisdiagramm dar.

a) Was ist in der Aufgabe und im Diagramm angegeben? Kreuze an.

☐ Prozentsatz ☐ Prozentwert ☐ Grundwert

b) Berechne, wie viele Kinder jeweils aus den Ländern kommen.

Land	**Anzahl Kinder**
Deutschland	*7*
Spanien	
Polen	
Italien	
Afghanistan	
Eritrea	

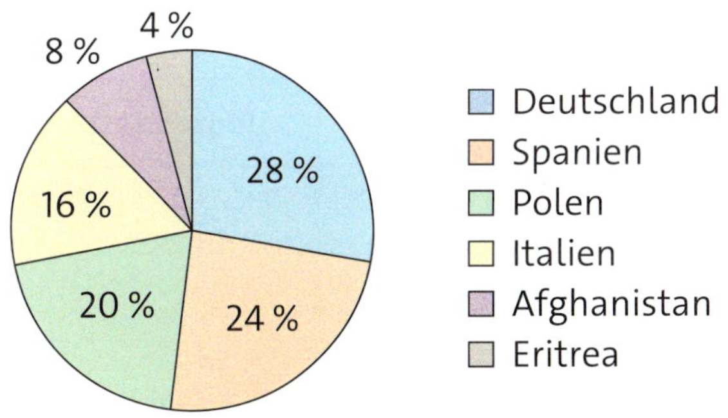

Starthilfe: „Sieben Kinder in Lenas Klasse kommen aus Deutschland."

c) Schreibe Sätze zu den Herkunftsländern in dein Heft. Das Beispiel hilft dir dabei.

der Grundwert, die Grundwerte
der Prozentwert, die Prozentwerte
der Prozentsatz, die Prozentsätze

das Herkunftsland, die Herkunftsländer
das Kreisdiagramm, die Kreisdiagramme
aus einem Land kommen, er/sie kommt aus einem Land

7 Ordne der Aufgabe den richtigen Prozentsatz zu. Verbinde.

dreißig von vierzig	25 %
zwölf von achtundvierzig	50 %
dreizehn von einhundertdreißig	10 %
acht von sechzehn	60 %
zwölf von dreißig	80 %
vierundzwanzig von vierzig	40 %
sechsunddreißig von fünfundvierzig	75 %

8 Wie viel Prozent sind das? Berechne den Prozentsatz und beantworte die Frage.

69 m von 92 m = 75 % Das sind 75 %.
30 s von 75 s =
42 min von 70 min =
19 kg von 76 kg =
27 € von 180 € =
15 kg von 30 kg =
28 € von 80 € =

9 Hassan besucht am Wochenende den Zirkus „Zarathustra". Der Zirkus hat insgesamt vierzig Tiere. Hassan zählt für sein Biologie-Projekt, wie viele Tiere einer Art der Zirkus besitzt. Hassan notiert sein Ergebnis in einem Säulendiagramm.

a) Was ist in der Aufgabe und im Diagramm angegeben? Kreuze an.

☐ Prozentsatz ☐ Prozentwert ☐ Grundwert

b) Berechne die Prozentsätze, die zu den Tierarten gehören.

Tiere	Prozentsatz
Vögel	
Pferde	
Affen	
Elefanten	10 %
Lamas	
Löwen	

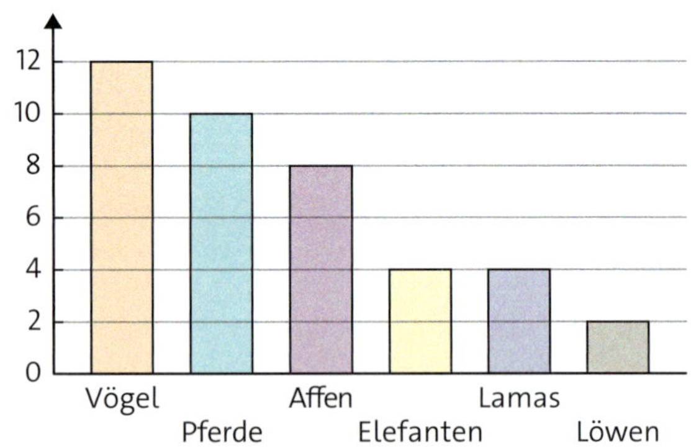

Starthilfe: „10 % der Tiere im Zirkus sind Elefanten."

c) Schreibe Sätze zu den Tierarten in dein Heft. Das Beispiel hilft dir dabei.

der Prozentsatz, die Prozentsätze
der Zirkus, die Zirkusse
der Vogel, die Vögel
der Affe, die Affen
die Tierart, die Tierarten
das Lama, die Lamas
das Projekt, die Projekte
das Säulendiagramm, die Säulendiagramme

10 **Wie viel war es vorher? Berechne den Grundwert und beantworte die Frage.**

> **Tipp:**
> Berechne den Grundwert mit dem Dreisatz im Kopf.

60 % sind 81 €. Das Ganze sind 135 €.

55 % sind 66 €. ____________

75 % sind 12 m. ____________

25 % sind 52 min. ____________

80 % sind 96 kg. ____________

30 % sind 18 min. ____________

15 % sind 39 kg. ____________

11 **Eden und Hassan kaufen Kleidungsstücke im Sommerschlussverkauf. Alles ist reduziert.**

„Um 30 % reduziert"
Jetzt nur 40,25 €

„Um 40 % reduziert"
Jetzt nur 6,90 €

„Um 25 % reduziert"
Jetzt nur 23,85 €

> **Vorsicht:**
> „Um 40 % reduziert" bedeutet, das T-Shirt kostet noch 60 % des vorherigen Preises.

a) Wie viel hat das T-Shirt vorher gekostet? Rechne mit der Formel.

Prozentwert: 6,90 € Prozentsatz: 60 % Grundwert: ______

$6{,}90\,€ : 60\,\% = 6{,}90\,€ : \frac{3}{5}$

b) Wie viel hat die Hose vorher gekostet? Rechne mit dem Dreisatz.

Prozentwert: ______ Prozentsatz: ______ Grundwert: ______

___ %	sind	___ €		
___ %	sind	___ €		
___ %	sind	___ €		

c) Wie viel haben die Schuhe vorher gekostet? Rechne mit beiden Methoden in deinem Heft.

Prozentwert: ______ Prozentsatz: ______ Grundwert: ______

der Grundwert, die Grundwerte
der Dreisatz, –
der Schuh, die Schuhe

der Sommerschlussverkauf, die Sommerschlussverkäufe
die Hose, die Hosen

das T-Shirt, die T-Shirts
um 20 % reduziert sein, er/sie ist um 20 % reduziert

Mit Zinsen arbeiten

1 In Aufgaben zur Zinsrechnung spricht man von dem Startkapital, dem Zinssatz und den Zinsen. Hassan bringt sein Geld zur Bank. Er legt 1000 Euro auf seinem Sparkonto an.

a) Wie viel Zinsen bekommt er in einem Jahr?
Nutze die Informationen in der Werbung der Bankfiliale.

2% Zinssatz	von ·	Startkapital	= =	Zinsen

b) Wie viel Geld ist nach diesem Jahr auf seinem Konto?

Startkapital	+ +	Zinsen	= =	Endkapital

2 **Lena erkennt sofort, dass die Prozentrechnung und die Zinsrechnung ähnlich funktionieren. Verbinde die Begriffe, die zusammengehören.**

Startkapital	Prozentsatz
Zinssatz	Prozentwert
Zinsen	Grundwert

3 **Erfan hat 2500 € gespart. Er bringt sein Erspartes auch zur Bank.**

a) Wie viel Geld ist nach einem Jahr auf seinem Konto? Rechne wie in Aufgabe 1.

Zinssatz	von ·	Startkapital	= =	Zinsen

Startkapital	+ +	Zinsen	= =	Endkapital

b) Wie viel Geld ist nach zwei Jahren auf seinem Konto? Achte darauf, dass sich das Startkapital verändert hat.

Zinssatz	von ·	Startkapital	= =	Zinsen

Startkapital	+ +	Zinsen	= =	Endkapital

Merke:
Auch im zweiten Jahr bleibt der Zinssatz gleich. Im Vergleich zum ersten Jahr haben sich aber die Zinsen verändert. Man spricht vom Zinseszins.

4 Markiere in den Textabschnitten das Startkapital, den Zinssatz, die Zinsen und das Endkapital.

a) Amina legt 500 € auf ihrem Sparkonto an. Nach einem Jahr hat sie auf dem Konto 510 €.

b) Eden bekommt für ihr Geld bei einer jährlichen Verzinsung von 3 % ganze 50 € Zinsen.

c) Max erhält bei seiner Bank für 1000 € in einem Jahr 25 € Zinsen.

d) Hassans Bank verzinst sein Geld mit 2,5 %. Nach einem Jahr hat er 15 € mehr auf seinem Konto.

e) Lenas Startkapital ist bei einer jährlichen Verzinsung von 1,5 % auf einen Betrag von 1500 € gewachsen.

f) Erfans Startkapital ist bei einer jährlichen Verzinsung von 2 % um einen Betrag von 20 € gewachsen.

Vorsicht:
„Wachsen auf" hat eine andere Bedeutung als „wachsen um".

5 Lenas Familie legt verschiedene Geldbeträge für ein Jahr bei unterschiedlichen Banken an.

a) Wie viel Geld bekommt sie nach einem Jahr? Berechne das Endkapital.

1000 € bei 3,5 %:	3,5 % · 1000 € = 35 €	1000 € + 35 € = 1035 €
2500 € bei 3 %:		
3000 € bei 2 %:		

b) Wie verzinst die Bank das Geld? Berechne den Zinssatz.

Von 2000 € auf 2150 €:	2150 € − 2000 € = 150 €	150 € : 2000 € = 0,075 = 7,5 %
Von 3500 € auf 3570 €:		
Von 5000 € auf 5150 €:		

c) Wie viel Geld hat Lenas Familie angelegt? Berechne das Startkapital.

Bei 4,5 % 117 € Zinsen:	117 € : 4,5 % = 117 € : 0,045 = 117 000 € : 45 = 2600 €
Bei 3 % 105 € Zinsen:	
Bei 2,5 % 135 € Zinsen:	

d) Schreibe Antwortsätze wie in den Sätzen in Aufgabe 4 in dein Heft. Verwende verschiedene Formulierungen.

der Zinssatz, die Zinssätze
der Geldbetrag, die Geldbeträge
die Verzinsung, die Verzinsungen

der Zins, die Zinsen
das Kapital, –
das Ersparte, –

das Sparkonto, die Sparkonten
Geld anlegen, er/sie legt Geld an
verzinsen, er/sie verzinst

6 **Wie viel Zinsen bekommt man? Rechne im Kopf und Verbinde.**

Verzinsung von 5600€ bei 2,5%	117€
Verzinsung von 4500€ bei 3%	135€
Verzinsung von 7800€ bei 1,5%	126€
Verzinsung von 1800€ bei 7%	108€
Verzinsung von 2400€ bei 4,5%	140€

7 **Amina und Hassan bekommen beide zu ihrem sechzehnten Geburtstag 1000 Euro geschenkt. Amina legt das Geld bei der „Sparfuchs"-Bank, Hassan bei der „Sorglos"-Bank an.**

Sparfuchs-Bank	*Jährliche Verzinsung mit 3%*
Sorglos-Bank	*Verzinsung im 1. Jahr: 5%* *Anschließend mit 1%*

a) Wie viel Geld ist an ihrem 17. Geburtstag auf Aminas Konto? Wie viel an ihrem 18. Geburtstag? Rechne wie in Aufgabe 3. Vervollständige dann den Antwortsatz.

Nach 1 Jahr:

Nach 2 Jahren:

An ihrem 17. Geburtstag sind ____________ Euro auf Aminas Konto.

An ihrem 18. Geburtstag sind ____________ Euro auf Aminas Konto.

b) Wie viel Geld ist an seinem 17. Geburtstag auf Hassans Konto? Wie viel an seinem 18. Geburtstag? Berechne und schreibe einen Antwortsatz.

Nach 1 Jahr:

Nach 2 Jahren:

An seinem 17. Geburtstag ____

____

c) Eden überlegt, bei welcher der beiden Banken sie ihr Geld für zwei Jahre anlegen soll. Lena berät sie, für welche Bank sie sich entscheiden soll. Vervollständige ihre Begründung.

„Entscheide dich für die ________________-Bank. Dort sind die ____________ im ersten Jahr zwar niedriger, aber das ____________ ist nach zwei Jahren höher."

der Geburtstag, die Geburtstage
die Begründung, die Begründungen
die Verzinsung, die Verzinsungen

die Bank, die Banken
das Konto, die Konten
jährlich, pro Jahr

raten, er/sie rät
sich entscheiden, er/sie entscheidet sich

Den Dreisatz an anderer Stelle verwenden

Du kannst mit dem Dreisatz nicht nur den Grundwert oder das Startkapital berechnen. Der Dreisatz ist auch bei vielen anderen Aufgaben hilfreich.

1 **Hassan fährt mit seinem Fahrrad. Er benötigt für 39 Kilometer 3 Stunden. Wie weit kann Hassan in 5 Stunden fahren? Berechne und schreibe einen Antwortsatz.**

	3	h	für	39	km	
: 3		h	für		km	: 3
· 5		h	für		km	· 5

Hassan kann ______________________________

2 **Lena kauft Hefte für das nächste Schuljahr. Fünf Hefte kosten 3,95 €. Weil sie nur drei Hefte braucht, verkauft sie zwei Hefte an Max. Wie viel muss Max bezahlen? Berechne und schreibe einen Antwortsatz.**

	5	Hefte	für		€	
:		Heft	für		€	:
·		Hefte	für		€	·

Max ______________________________

3 **Am Montag säubern Erfan, Lena, Eden, Max und Hassan das Klassenzimmer in zwei Stunden. Am Freitag ist Eden krank. Wie lange brauchen die vier Kinder, um das Klassenzimmer zu säubern? Berechne und schreibe einen Antwortsatz.**

	5	Kinder	für		h	
: 5	1	Kind	für		h	· 5
· 4	4	Kinder	für		h	

Die vier Kinder ______________________________

der Dreisatz, –
das Startkapital, –
das Fahrrad, die Fahrräder
das Heft, die Hefte
das Schuljahr, die Schuljahre
das Schulhaus, die Schulhäuser
säubern, er/sie säubert
krank sein, er/sie ist krank

1 **Markiere in den Textaufgaben den Grundwert, den Prozentsatz und den Prozentwert farbig. Berechne jeweils die fehlende Größe in deinem Heft.**

a) Ein Pullover kostet 30 €. Im Schlussverkauft ist er um 15 % reduziert.

b) Für das Klassenfest hat Hassans Mutter in diesem Jahr 20 Liter Apfelsaft gekauft. Im letzten Jahr hat sie 10 % weniger gekauft.

c) Für das Schulfest hat Erfans Mutter in diesem Jahr 20 Liter Apfelsaft gekauft. Das sind 10 % mehr als im letzten Jahr.

d) Ein Bekleidungsgeschäft verlangt im Schlussverkauf für eine Hose 40 €. Vorher hat sie 55 € gekostet.

e) Ein Film dauert 120 Minuten. Im Kino dauert er mit Werbung 135 Minuten.

f) Auf Äpfel zum Preis von 99 Cent gibt der Supermarkt einen Rabatt von 20 %.

2 **Berechne den fehlenden Wert und schreibe ihn in die Tabelle.**

Grundwert	345	380		516	640
Prozentsatz	20 %		45 %		90 %
Prozentwert		57	324	387	

Startkapital	5760 €	7275 €		3450 €	4880 €
Zinssatz		4 %	3,5 %		5 %
Zinsen	144 €		238 €	69 €	
Endkapital					

3 **Eden arbeitet in einem Bekleidungsgeschäft. Sie fertigt für den Schlussverkauf eine Tabelle an. In die Tabelle trägt sie die Anzahl der Kleidungsstücke im Lager ein.**

a) Wie viele Kleidungsstücke sind insgesamt im Lager? Vervollständige die Tabelle.

b) Fertige ein Kreisdiagramm wie auf Seite 7 an.

Kleidungsstück	Anzahl	Anteil in %
Hose	160	
T-Shirt	80	
Pulli	120	
Schuhe	40	

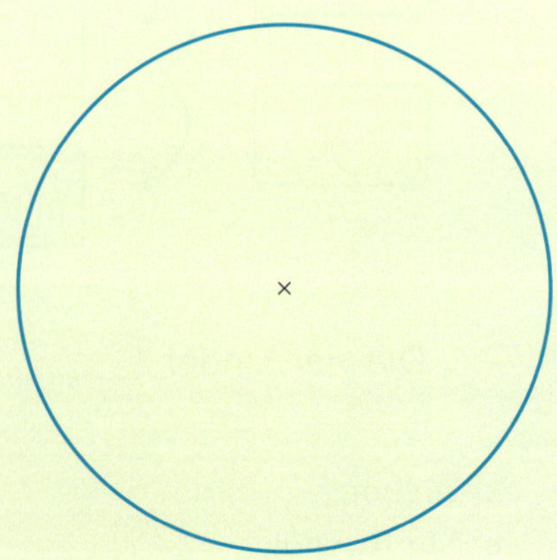

das kann ich gut   das kann ich einigermaßen   das muss ich noch üben

	neue Wörter	in meiner Sprache
75 % von 200 = 150	die Prozentrechnung, die Prozentrechnungen	
75 % von 200 = 150	der Grundwert, die Grundwerte	
75 % von 200 = 150	der Prozentsatz, die Prozentsätze	
75 % von 200 = 150	der Prozentwert, die Prozentwerte	
%	das Prozentsymbol, –	
	der Rabatt, die Rabatte	
	der Preisnachlass, die Preisnachlässe	
	der Schlussverkauf, die Schlussverkäufe	
	reduzieren, er/sie reduziert	
2 % von 100 € = 2 €	die Zinsrechnung, die Zinsrechnungen	
2 % von 100 € = 2 €	das Startkapital, –	
2 % von 100 € = 2 €	der Zinssatz, die Zinssätze	
2 % von 100 € = 2 €	der Zins, die Zinsen	
100 € + 2 € = 102 €	das Endkapital, –	
Startkapital →(Zins) (End-)Kapital →(Zins) Endkapital	der Zinseszins, die Zinseszinsen	
	das Sparkonto, die Sparkonten	
	der Jahreszins, die Jahreszinsen	
	das Ersparte, –	
	die Verzinsung, die Verzinsungen	
	verzinsen, er/sie verzinst	
	anlegen, er/sie legt an	
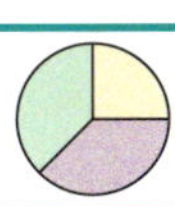	das Kreisdiagramm, die Kreisdiagramme	
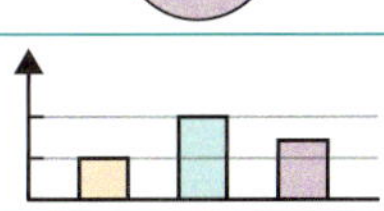	das Säulendiagramm, die Säulendiagramme	
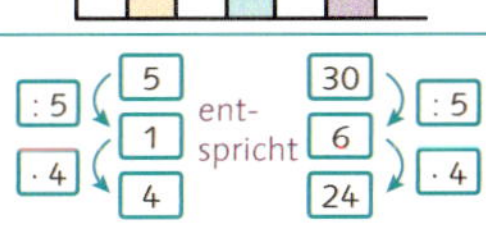	der Dreisatz, –	

2 Mit Termen arbeiten

1. Wie lautet die vollständige Rechnung an der Tafel?
2. Findest du andere Beispiele zu den Kärtchen auf den Tischen?

der Term, die Terme
der Vertrag, die Verträge
die Variable, die Variablen
das Handy, die Handys

das Rechengesetz, die Rechengesetze
das Verbindungsgesetz, –
das Vertauschungsgesetz, –
das Verteilungsgesetz, –

ausklammern, er/sie klammert aus
ausmultiplizieren, er/sie multipliziert aus

1 Welches Rechengesetz wurde in den Aufgaben verwendet? Ordne zu.

- △ + ○ = ○ + △
- ○ · □ − △ · □ = (○ − △) · □
- ○ · △ · □ = ○ · (△ · □)
- □ · △ = △ · □
- (□ + ○) · △ = □ · △ + ○ · △
- △ · □ · ○ = △ · (□ · ○)

Assoziativgesetz
Verbindungsgesetz

Kommutativgesetz
Vertauschungsgesetz

Distributivgesetz
Verteilungsgesetz

- $38 \cdot 4 = 30 \cdot 4 + 8 \cdot 4$
- $13 + 6 = 6 + 13$
- $34 \cdot 7 \cdot 5 = 34 \cdot (7 \cdot 5)$
- $14 \cdot 9 = 9 \cdot 14$
- $13 \cdot 2 \cdot 3 = 13 \cdot 6$
- $50 \cdot 4 - 3 \cdot 4 = 47 \cdot 4$

2 Anders und doch gleich? Terme können in äquivalente Terme umgeformt werden. Das bedeutet, dass man einen Term unterschiedlich darstellen kann. Verbinde die Terme, die zusammengehören.

$(2x + 7) \cdot 3 =$	$4x - 7$
$4x - 20 =$	$x - 1$
$x + 3x - 7 =$	$4 \cdot (x - 5)$
$x^2 + 2x =$	$x \cdot (x + 2)$
$3x - (2x + 1) =$	$6x + 21$

3 Ein Term kann eine Summe sein, kann eine Differenz sein, kann ein Produkt sein oder ein Term kann ein Quotient sein. Die Rechnung, die du bei einem Term als Letztes durchführst, gibt dem Term seinen Namen. Benenne die Terme.

$(8x - 12 + 3x) \cdot 4$	Der Term ist ein Produkt.
$(19x - 7) + 3x$	Der Term ist
$25 - 17x \cdot 3$	
$2x \cdot 4 - 5x \cdot 3$	
$(12x - 4) : 4$	

4 Amina kauft jede Woche Obst auf dem Markt ein. Ein Apfel kostet 0,79 €, eine Birne 0,55 € und eine Orange 0,98 €. Welcher Term gehört zu welchem Einkauf? Ordne zu und verbinde.

$1 \cdot 0{,}79 + 2 \cdot 0{,}55 + 1 \cdot 0{,}98$
$2 \cdot 0{,}79 + 3 \cdot 0{,}55 + 1 \cdot 0{,}98$
$3 \cdot 0{,}79 + 1 \cdot 0{,}55 + 3 \cdot 0{,}98$
$2 \cdot 0{,}79 + 2 \cdot 0{,}55 + x \cdot 0{,}98$
$x \cdot 0{,}79 + 2 \cdot 0{,}55 + 2 \cdot 0{,}98$

der Quotient, die Quotienten
die Summe, die Summen
die Differenz, die Differenzen
das Produkt, die Produkte

der Apfel, die Äpfel
die Birne, die Birnen
die Orange, die Orangen

äquivalente Terme
umformen, er/sie formt um

Mit Klammern rechnen

1 Früher hat sich Eden Rechengesetze mit Zahlenbeispielen gemerkt. Jetzt merkt sie sich lieber Terme mit Variablen. Verbinde die Terme mit äquivalenten Termen.

Kommutativgesetz/Vertauschungsgesetz:
- $x + y =$ (verbunden mit $y + x$)
- $x \cdot y =$

Assoziativgesetz/Verbindungsgesetz:
- $(x + y) + z =$
- $(x \cdot y) \cdot z =$

Distributivgesetz/Verteilungsgesetz:
- $x \cdot (y + z) =$
- $(x - y) : z =$

$x + (y + z)$
$x : z - y : z$
$x \cdot y + x \cdot z$
$x \cdot (y \cdot z)$
$y + x$
$y \cdot x$

2 Hassan schreibt Terme gerne so kurz wie möglich. Lena multipliziert die Terme lieber aus. Beide verwenden dafür das Distributivgesetz für mehr als zwei Summanden. Ergänze die fehlenden Terme.

Merke:
Gleiche Variablen werden zusammengefasst.

Ausmultiplizieren →

$a \cdot (x + 2y + a)$	$=$	$ax + a \cdot 2y + a \cdot a = ax + 2ay + a^2$
$3 \cdot (t^2 + 2c + 4x)$	$=$	
	$=$	$3xy + 2xz + ax$

← Ausklammern

3 Beim Multiplizieren von Summen wird jedes Glied im ersten Faktor mit jedem Glied im zweiten Faktor multipliziert. Unterstreiche mit den beiden passenden Farben.

$(a + 2) \cdot (a - 3) = a^2 + 2a - 3a - 6 = a^2 - a - 6$

$(x - 3y) \cdot (2x + y) = 2x^2 + xy - 6xy - 3y^2 = 2x^2 - 5xy - 3y^2$

Vorsicht:
Achte auf die Vorzeichen.

4 Wenn du Terme umformst, können dir die binomischen Formeln helfen. Du kannst dir die binomischen Formeln auch gut mit Bildern merken.

a) Rechne die 2. und 3. binomische Formel nach.

b) Zeichne ähnliche Bilder für die Formel in dein Heft.

1. binomische Formel: $(x + y)^2 = x^2 + 2xy + y^2$

Begründung: $(x + y)^2 = (x + y) \cdot (x + y)$
$= x \cdot x + x \cdot y + y \cdot x + y \cdot y$
$= x^2 + 2xy + y^2$

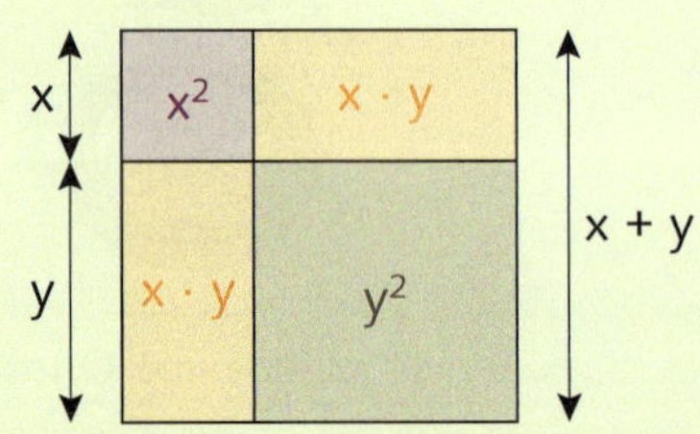

2. binomische Formel: $(x - y)^2 = x^2 - 2xy + y^2$

3. binomische Formel: $(x + y) \cdot (x - y) = x^2 - y^2$

5 **Welches Rechengesetz wird verwendet, um die Terme umzuformen?**

a) Notiere **K**ommutativgesetz, **A**ssoziativgesetz oder **D**istributivgesetz über dem Gleichheitszeichen.

$x + 4 + x - 2 \overset{K}{=} x + x + 4 - 2 \overset{\square}{=} (x + x) + (4 - 2) = 2x + 2$

$5a + (12 - 3a) \overset{\square}{=} 5a + 12 - 3a \overset{\square}{=} 5a - 3a + 12 \overset{\square}{=} (5 - 3)a + 12 = 2a + 12$

$3 + 4x - 2 - 2x \overset{\square}{=} 3 - 2 + 4x - 2x \overset{\square}{=} 1 + (4 - 2)x = 1 + 2x$

$3x + 4y - 5x \overset{\square}{=} 4y + 3x - 5x \overset{\square}{=} 4y + (3 - 5)x = 4y - 2x$

$(19x - 4) + (3x + 2) \overset{\square}{=} 19x - 4 + 3x + 2 \overset{\square}{=} 19x + 3x - 4 + 2 \overset{\square}{=} (19 + 3)x - 2 = 22x - 2$

b) Welche Rechengesetze verwendest du zum Umformen? Schreibe ganze Sätze in dein Heft.

Zuerst Danach Anschließend Zum Schluss Zuletzt	verwende ich nutze ich benutze ich	das Vertauschungsgesetz. das Verbindungsgesetz. das Verteilungsgesetz.

6 **Multipliziere die Terme aus.**

$(2x - y) \cdot 3 =$ $6x - 3y$

$a \cdot (2 - 3x) =$

$x \cdot (2x + 3y + 4) =$

$(a + 4) \cdot (5 - a) =$

$(2a + b) \cdot (a \cdot 3b) =$

$(-x + 3y) \cdot (2a + b) =$

7 **Faktorisiere die Terme. Das heißt: Schreibe die Terme als Produkt. Klammere aus.**

$5x - 5y =$ $5(x - y)$

$15x + 3y =$

$2a + 3ab - a^2 =$

$12a^2b^3 - 8a^3b^2 =$

der Term, die Terme
das Rechengesetz, die Rechengesetze

umformen, er/sie formt um
ausklammern, er/sie klammert aus

ausmultiplizieren, er/sie multipliziert aus
faktorisieren, er/sie faktorisiert

8 **Schreibe die Terme mit Symbolen auf und vereinfache sie dann.**

a) Addiere die Differenz von 5a und 6b zu 19a.

$19a + (5a - 6b) =$

b) Subtrahiere die Summe aus 3x und 7y von 10x.

c) Subtrahiere die Differenz von 3a und 4b von der Summe aus 5a und 2b.

9 **Schreibe die Terme in symbolischer Schreibweise auf. Multipliziere dann die Klammern aus.**

a) Multipliziere die Differenz von 5x und 4y mit der zweiten Potenz von x.

$(5x - 4y) \cdot x^2 =$

b) Multipliziere die Summe aus 3a und 7b mit der Summe aus 2a und 3b.

c) Multipliziere die Differenz von 2x und 5y mit der Summe aus 3x und der zweiten Potenz von y.

10 **Schreibe die Terme in Wortform auf. Nutze dafür die Satzschalttafel. Vereinfache die Terme dann.**

Addiere	die Summe aus …	zu	der Summe von … .
Subtrahiere	die Differenz von …	von	der Differenz aus … .
Multipliziere		mit	

a) $(5x - 7y) + (3x + 10y) =$

Addiere die Summe aus 3x und 10y zu der Differenz aus 5x und 7y.

b) $(4a + b) - (19a - 5b) =$

c) $(3x + 2y) \cdot (4x - 8y) = 12x^2 - 24xy + 8xy - 16y^2 = 12x^2 - 16xy - 16y^2$

das Symbol, die Symbole
die symbolische Schreibweise, –
die Wortform eines Terms, –

die Summe, die Summen
die Differenz, die Differenzen
die Potenz, die Potenzen

addieren zu
subtrahieren von
multiplizieren mit

11 **Welche binomische Formel kannst du verwenden, um die Terme geschickt auszumultiplizieren? Kreuze an und multipliziere dann aus.**

		1.	2.	3.
$(3 + a)^2 =$	$9 + 6a + a^2$	[X]	[ ]	[ ]
$(x - 4)^2 =$		[ ]	[ ]	[ ]
$(a + 1{,}5)^2 =$		[ ]	[ ]	[ ]
$(0{,}5b - 7) \cdot (0{,}5b + 7) =$		[ ]	[ ]	[ ]
$(3x - 4y)^2 =$		[ ]	[ ]	[ ]

12 **Welche binomische Formel kannst du verwenden, um die Terme geschickt zu faktorisieren? Kreuze an und klammere dann aus.**

		1.	2.	3.
$4a^2 - 12ab + 9b^2 =$	$(2a - 3b)^2$	[ ]	[X]	[ ]
$x^2 + 32x + 256 =$		[ ]	[ ]	[ ]
$x^2 - 1 =$		[ ]	[ ]	[ ]
$x^4 + 2x^2y^3 + y^6 =$		[ ]	[ ]	[ ]
$0{,}81 - y^2 =$		[ ]	[ ]	[ ]

13 **Schreibe alle Terme in den Aufgaben 11 und 12 in Wortform in dein Heft.**

a) Nutze für die ausgeklammerten Terme die Satzschalttafel.

Quadriere	die Summe von … .
	die Differenz aus … .
Multipliziere	die Summe und die Differenz aus … .

b) Notiere daneben auch die Wortform der ausmultiplizierten Terme.

14 **Quadriere die großen Zahlen ohne Taschenrechner. Verwende die binomischen Formeln.**

$43^2 = (40 + 3)^2 = 40^2 + 2 \cdot 40 \cdot 3 + 3^2 = 1600 + 240 + 9 = 1849$

$77^2 =$

$82^2 =$

$55^2 =$

die binomische Formel, die binomischen Formeln

quadrieren, er/sie quadriert

ausklammern, er/sie klammert aus
ausmultiplizieren, er/sie multipliziert aus
faktorisieren, er/sie faktorisiert

Terme aufstellen, beschreiben und interpretieren

1 **Amina schließt einen neuen Vertrag für ihr Handy ab. Die Grundgebühr beträgt 5 € pro Monat. Jede angefangene Gesprächsminute eines Telefonates kostet 15 Cent.**

a) Aminas monatliche Kosten kann man mit einem Term berechnen. Trage die richtigen Begriffe in die Kästchen ein.

(B) ______ (A) ______

$T(n) = 5 + 0{,}15 \cdot n$

(C) ______ (D) ______

(A) Anzahl der Gesprächsminuten
(B) monatliche Kosten
(C) Grundgebühr
(D) Preis pro Minute

b) Amina möchte wissen, wie viel sie bezahlen muss, wenn sie 5, 10, ... Minuten telefoniert. Berechne die Termwerte und fülle die Tabelle aus.

	5	10	15	20	25	30
T(n)	5,75					

c) Max ist schon länger Kunde bei der Telefongesellschaft.
Er hat denselben Vertrag wie Amina. Aber bei Max wird sekundengenau abgerechnet. Die Terme für die monatlichen Kosten sehen ähnlich aus:

Amina: $T(n) = 5 + 0{,}15 \cdot n$ $n \in \mathbb{N}^+$
Max: $T(q) = 5 + 0{,}15 \cdot q$ $q \in \mathbb{Q}^+$

Der Zahlenbereich, aus dem die Variable kommen kann, heißt Definitionsmenge.
Bilde zwei korrekte Sätze.

<table>
<tr><td rowspan="2">Werden</td><td>volle</td><td rowspan="2">Minuten abgerechnet, dann dürfen für n</td><td>positive</td><td>ganze</td><td rowspan="2">Zahlen eingesetzt werden.</td></tr>
<tr><td>auch Bruchteile von</td><td>negative</td><td>rationale</td></tr>
</table>

d) Eden muss bei ihrem Handyvertrag nur 2 Euro als Grundgebühr bezahlen. Dafür berechnet ihre Telefongesellschaft 0,25 Euro für jede angefangene Gesprächsminute und 30 Cent pro SMS.

Um einen Term für Edens monatliche Kosten aufzustellen, brauchst du zwei Variablen: Eine Variable x für die Gesprächsminuten und eine Variable y für die Anzahl der SMS. Ergänze den Term T(x,y).

Vorsicht:
Gib in der Aufgabe alle Preise in Euro an.

T(x, y) = ______ + ______ + ______

Kosten — Gesprächsminuten — SMS — Grundgebühr

2 Welche Anweisung gehört zu welchem Term? Verbinde.

Subtrahiere 3 von einer Zahl und multipliziere das Ergebnis mit 4.	$T(a) = 4 \cdot a - 3$
Multipliziere eine Zahl mit 4 und subtrahiere davon 3.	$T(b) = 4 - 3 \cdot b$
Subtrahiere eine Zahl von 3 und multipliziere das Ergebnis mit 4.	$T(c) = 3 - 4 \cdot c$
Multipliziere eine Zahl mit 4 und subtrahiere das Ergebnis von 3.	$T(d) = (d - 3) \cdot 4$
Subtrahiere das Produkt von 3 und einer Zahl von 4.	$T(e) = (e - 4) \cdot 3$
Multipliziere die Differenz von einer Zahl und 4 mit 3.	$T(f) = (3 - f) \cdot 4$

3 In der Tabelle sind die Werte für die Variable x angegeben. Ergänze die Termwerte für die Terme $T_1(x) = x + 4$, $T_2(x) = (x - 1) \cdot 3$ und $T_3(x) = x^2 - x$.

x	0	1	2	3	5	10
$T_1(x)$	4					
$T_2(x)$						
$T_3(x)$						

4 Stelle zu den Anweisungen einen Term mit der Variable x auf. Kreuze die richtige Definitionsmenge des Terms an.

a) Addiere 5 zum Dreifachen einer natürlichen Zahl.

$T(x) = 3x + 5$ — $x \in \mathbb{N}$ ☒ $x \in \mathbb{Q}$ ☐

b) Quadriere die Differenz von 3 und einer rationalen Zahl.

$x \in \mathbb{N}$ ☐ $x \in \mathbb{Q}$ ☐

c) Subtrahiere das Produkt aus einer natürlichen Zahl und 5 von 7.

$x \in \mathbb{N}$ ☐ $x \in \mathbb{Q}$ ☐

d) Dividiere eine natürliche Zahl durch die Summe von 3 und der Zahl.

$x \in \mathbb{N}$ ☐ $x \in \mathbb{Q}$ ☐

e) Subtrahiere 4 vom Quadrat der Summe von 3 und einer rationalen Zahl.

$x \in \mathbb{N}$ ☐ $x \in \mathbb{Q}$ ☐

f) Subtrahiere die Summe der Quadrate von 3 und einer rationalen Zahl von 4.

$x \in \mathbb{N}$ ☐ $x \in \mathbb{Q}$ ☐

der Term, die Terme
der Termwert, die Termwerte
die Anweisung, die Anweisungen

die Variable, die Variablen
die Definitionsmenge, die Definitionsmengen

einen Term aufstellen, er/sie stellt einen Term auf

5 **Welcher Term gehört zu welcher Situation? Notiere die Nummer des Terms neben die Aufgaben.**

a) Edens Familie kauft ein rechteckiges Grundstück. Ein Zaun soll um das Grundstück herum gebaut werden. ☐

b) Lenas Bergtour beginnt auf einer Höhe von 520 Metern. Sie schafft 250 Höhenmeter in einer Stunde. ☐

c) Aminas Internet-Anbieter berechnet für den Anschluss monatlich 19,95 Euro und für je 1 GB Datentransfer einen Zuschlag von 5 Euro. ☐

d) Hassans Handy-Anbieter verlangt für seinen Tarif eine monatliche Grundgebühr von 15 € sowie 19 ct pro SMS und 29 ct pro Gesprächsminute. ☐

e) Erfans Handy-Anbieter verlangt für einen Flatrate-Tarif eine monatliche Grundgebühr von 49,95 €. Es sind 1 GB Datenvolumen enthalten. Wenn Erfan dieses Datenvolumen überschreitet, dann wird seine Geschwindigkeit reduziert. ☐

$T_1(x) = 19{,}95 + 5x$ | $T_2(x) = 520 + 250x$ | $T_3(x,y) = 2 \cdot (x + y)$

$T_4(x) = 49{,}95$ | $T_5(x,y) = 15 + 0{,}19 \cdot x + 0{,}29 \cdot y$

6 **In den Aufgaben führen verschiedene Terme zum Ziel. Die Variable kann immer zwei unterschiedliche Bedeutungen haben. Kreuze die richtige Bedeutung der Variable an.**

a) Amina sammelt 10 Euro mehr für das Tierheim als Eden. Der Term $T(x) = x + (x - 10)$ gibt an, wie viel Geld sie zusammen gesammelt haben.
- ☐ Die Variable beschreibt das Geld, das Amina sammelt.
- ☐ Die Variable beschreibt das Geld, das Eden sammelt.

b) Die Länge eines Rechtecks ist doppelt so lang wie seine Breite. Der Term $T(x) = (2x) \cdot x$ gibt den Flächeninhalt des Rechtecks an.
- ☐ Die Variable beschreibt die Länge des Rechtecks.
- ☐ Die Variable beschreibt die Breite des Rechtecks.

c) Hassan hebt beim Gewichtheben 5 kg weniger als Erfan. Der Term $T(x) = x + (x + 5)$ gibt an, welches Gewicht sie gemeinsam heben können.
- ☐ Die Variable beschreibt das Gewicht, das Hassan heben kann.
- ☐ Die Variable beschreibt das Gewicht, das Erfan heben kann.

d) Die Grundlinie eines Dreiecks ist ein Drittel mal so lang wie seine Höhe. Der Term $T(x) = \frac{1}{2} \cdot x \cdot \left(\frac{1}{3} \cdot x\right)$ gibt den Flächeninhalt des Dreiecks an.
- ☐ Die Variable beschreibt die Länge der Grundlinie.
- ☐ Die Variable beschreibt die Länge der Höhe.

e) Wie lauten die anderen Terme? Verwende jeweils die andere Bedeutung der Variable. Schreibe die Terme in dein Heft.

der Höhenmeter, die Höhenmeter
der Datentransfer, –
der Zuschlag, die Zuschläge
der Anbieter, die Anbieter

die Bergtour, die Bergtouren
die Grundgebühr, die Grundgebühren
die Gesprächsminute, die Gesprächsminuten

das Grundstück, die Grundstücke
das Datenvolumen, –
das Tierheim, die Tierheime
das Gewichtheben, –

7 Man kann die Anzahl der Kinder einer Schulklasse mit den Termen T (j) berechnen. Dabei beschreibt die Variable j, wie viele Jungen in die Klasse gehen. Schreibe auf, was du über die Anzahl der Mädchen in den Klassen sagen kannst.

a) $T(j) = 2 \cdot j$ In die Klasse gehen genauso viele Jungen wie Mädchen.

b) $T(j) = j + 8$

c) $T(j) = j + 2j$

d) $T(j) = j + (j + 2)$

e) $T(j) = j + 0{,}5 \cdot j$

8 Lena will aus rechteckigem Papier offene Schachteln basteln. Das Papier ist 30 cm lang und 20 cm breit. Sie schneidet dazu die Seiten wie im Bild ein und klappt sie nach oben.

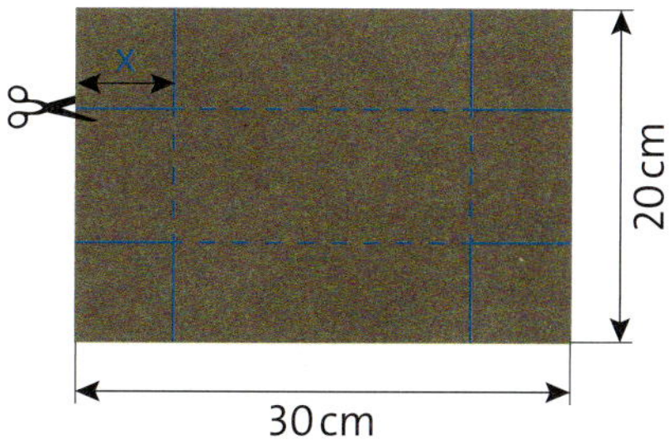

a) Wie lang, wie hoch und wie breit ist der Quader? Verwende die Variable x. Die Variable x beschreibt, wie weit Lena das Papier einschneidet. Nutze die Skizze als Hilfe.

$l = 30 - 2x$ $b =$ $h =$

b) Stelle einen Term für das Volumen der Schachtel auf. Der Term enthält nur die Variable x. Multipliziere den Term aus.

$T(x) =$

c) Welche Zahlen darf man für x einsetzen? Überlege und schreibe einen Antwortsatz.

d) Berechne den Wert des Terms T für verschiedene Werte von x mit dem Taschenrechner und fülle die Tabelle aus.

x	1	3	5	7	9
T(x)	504				

e) Lena behauptet: „Wenn ich das Papier 3 cm einschneide, erhalte ich die größten Schachteln.“ Begründe, warum ihre Aussage falsch ist.

der Quader, die Quader
der Taschenrechner, die Taschenrechner
die Anzahl, die Anzahlen
die Schachtel, die Schachteln

das Volumen, die Volumina
rechteckig
offen
groß, größer, am größten

einschneiden,
er/sie schneidet ein
nach oben klappen,
er/sie klappt nach oben

1 **Verbinde jeweils zwei äquivalente Terme.**

$(2x-3)\cdot(7+3x)$	x^4-16
$(9x-4)\cdot(9x+4)$	$4x^2-16x+16$
$(3x+12)^2$	$81x^2-16$
$(4-5x)\cdot(7-4x)$	$9x^2+72x+144$
$(x^2-4)\cdot(x^2+4)$	$20x^2-51x+28$
$(4-2x)^2$	$6x^2+5x-21$

2 **Schreibe die Wortform der Terme auf und multipliziere sie aus.**

a) $(8+13x)\cdot(5x+2)=$

b) $(7y+11)\cdot(4-13y)=$

3 **Richtig oder falsch? Kreuze an.**

Die Definitionsmenge eines Terms gibt an, welche Zahlen man für die Variable einsetzen darf.	☐ richtig	☐ falsch
Es gibt vier binomische Formeln.	☐ richtig	☐ falsch
Produkte werden vor Summen berechnet.	☐ richtig	☐ falsch
Ein Term kann mehr als eine Variable haben.	☐ richtig	☐ falsch
Produkte werden vor Klammern berechnet.	☐ richtig	☐ falsch
Der Wert eines Terms ist immer positiv.	☐ richtig	☐ falsch

4 **Setze den richtigen Term in die Tabelle ein. Fülle dann den Rest der Tabelle aus.**

x	0	1	2	3	4	5
	0					30
	−1					49
	0					−5

$T_1(x) = 2x^2 - 1$

$T_2(x) = 4x - x^2$

$T_3(x) = x^2 + x$

 ☺ das kann ich gut ☺ das kann ich einigermaßen ☹ das muss ich noch üben

	neue Wörter	in meiner Sprache
$T(x) = 5x + 2$	der Term, die Terme	
$T(x) = 5x + 2$	die Variable, die Variablen	
$x \in \mathbb{N}$	die Definitionsmenge, –	
Addiere 5 zu 3.	die Wortform eines Terms, –	
$3 + 5$	die symbolische Schreibweise eines Terms, –	
$3 + 5 = 8$	der Wert eines Terms, –	
$2 \cdot (x + 4)$	die Klammer, die Klammern	
$(x + y)^2 = x^2 + 2xy + y^2$	die binomische Formel, die binomischen Formeln	
$a + b = b + a$	das Kommutativgesetz, –	
$a + b + c = a + (b + c)$	das Assoziativgesetz, –	
$2 \cdot (x + 4) = 2x + 8$	das Distributivgesetz, –	
$3 + x$	die Summe, die Summen	
	addieren zu, er/sie addiert zu	
$4 - x$	die Differenz, die Differenzen	
	subtrahieren von, er/sie subtrahiert von	
$5 \cdot x$	das Produkt, die Produkte	
	multiplizieren mit, er/sie mutlipliziert mit	
$x : 2$	der Quotient, die Quotienten	
	dividieren durch, er/sie dividiert durch	
x^2	die Potenz, die Potenzen	
$T_1(x) = T_2(x)$	äquivalente Terme	
$x \cdot (x + 3) = x^2 + 3x$	umformen, er/sie formt um	
$x \cdot (x + 3) = x^2 + 3x$	ausklammern, er/sie klammer aus	
$x \cdot (x + 3) = x^2 + 3x$	ausmultiplizieren, er/sie multipliziert aus	

3 Gleichungen lösen

1. Schau dir die Bilder an. Was macht Erfan?
2. Wie viel Geld muss Hassan ihm geben?

die Gleichung, die Gleichungen
das Heft, die Hefte
das Geschäft, die Geschäfte

der Verkäufer, die Verkäufer

bezahlen, er/sie bezahlt
überlegen, er/sie überlegt
ausrechnen, er/sie rechnet aus

1 Notiere jeweils die Gleichung. Gib auch die Äquivalenzumformung an.

Die Äquivalenzumformung
Wenn man auf beiden Seiten einer Gleichung die gleiche Rechenoperation durchführt, ändert sich die Lösungsmenge nicht.

~~−2x~~
− 120
: 3

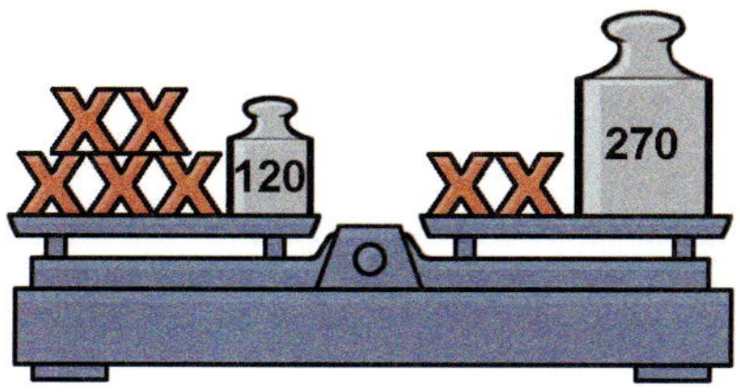

$5x + 120 = 2x + 270$ (die Gleichung)

$| -2x$ (die Äquivalenzumformung)

Die Variablen auf einer Seite sammeln:

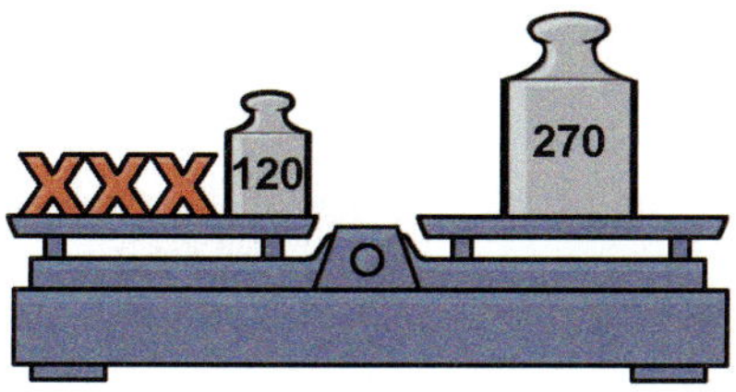

______________ (die Äquivalenzumformung)

Die Zahlen auf der anderen Seite sammeln:

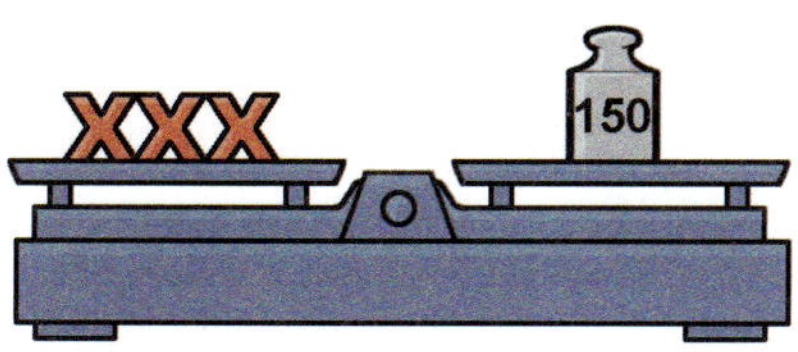

______________ (die Äquivalenzumformung)

Die Variable berechnen:

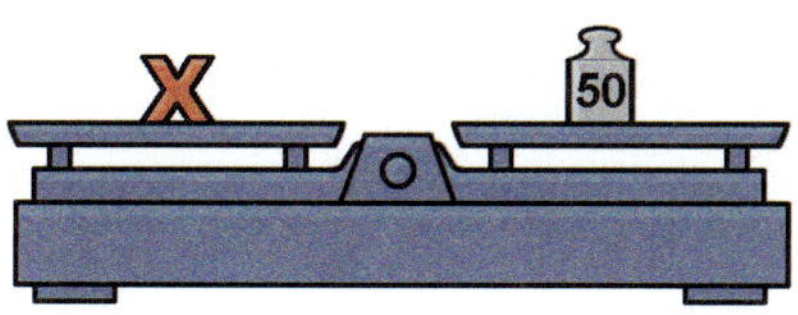

______________ (die Variable)

L = {50}. Die Lösungsmenge ist 50. (die Lösungsmenge)

2 Ordne die Formulierungen richtig zu.

(1) $x^2 = 9 \quad | \sqrt{}$
$x = 3$

(2) $|x| = 3$
$x_1 = 3;\ x_2 = -3$

(3) $L = \{-3;\ 3\}$

- Die Lösungsmenge ist drei und minus drei.
- Auf beiden Seiten die Wurzel ziehen. (verbunden mit (1))
- Betrag von x ist drei.

die Lösungsmenge, die Lösungsmengen
die Äquivalenzumformung, die Äquivalenzumformungen
die Gleichung, die Gleichungen
die Variable, die Variablen
die Wurzel, die Wurzeln
der Betrag, die Beträge
die Wurzel ziehen, er/sie zieht die Wurzel

Lineare Gleichungen und Gleichungssysteme lösen

1 **Ordne die Gleichungen richtig zu.**

(1)

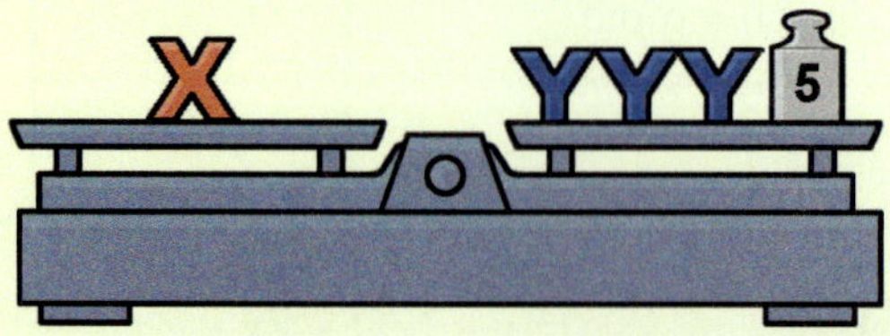

(2)

Den Term für x aus (1) in (2) einsetzen:

- $2(3y + 5) + 45 = 5y + 70$
- $x = 3y + 5$
- $2x + 45 = 5y + 70$

2 **Gleichungssystem lösen: Bringe die Sätze in die richtige Reihenfolge.**

(1) $3x + 21 = 6y$
(2) $2y - 5x = 19$

(1)' $3x = 6y - 21$
$x = 2y - 7$ in (2) } 1

(2)' $2y - 5(2y - 7) = 19$ } 2

$2y - 10y + 35 = 19$
$-8y = -16$
$y = 2$ in (1)* } 3

(1)* $x = 2 \cdot 2 - 7$
$x = -3$ } 4

$L = \{(-3|2)\}$ } 5

- ☐ Den Term für die eine Variable in die andere Gleichung einsetzen.
- ☐ Die Lösungsmenge angeben.
- ☐ Den Wert der zweiten Variablen ausrechnen.
- ☐ Das Ergebnis verwenden, um die erste Variable zu berechnen.
- 1 Eine Gleichung nach einer Variablen auflösen.

3 Ergänze die Äquivalenzumformung. Gib die Lösungsmenge an.

a) $7x - 8 = 17 + 2x$ | $-2x$ — *auf beiden Seiten 2x subtrahieren*
$5x - 8 = 17$ | $+8$ — *auf beiden Seiten 8 addieren*
$5x = 25$ | $:5$ — *beide Seiten durch 5 dividieren*
$x = 5$ → $L = \{5\}$ — *Die Lösungsmenge ist 5.*

b) $25 - 5x = -19 - x$
$25 - 4x = -19$
$-4x = -44$
$x = 11$ →

4 Beschreibe, was du machst. Verwende diese Bausteine.

angeben
sammeln
auflösen
zusammenfassen
berechnen

die Klammer
die Variable
die Zahl
auf einer Seite
die Lösungsmenge
auf der anderen Seite

a) $8 - (11x - 13) = 5(x - 3) + 2x$
$8 - 11x + 13 = 5x - 15 + 2x$
$21 - 11x = 7x - 15$ | $+11x$
$21 = 18x - 15$ | $+15$
$36 = 18x$ | $:18$
$x = 2$
$L = \{2\}$

Ich löse die Klammern auf.

b) $35x = -7(3x + 8)$
$35x = -21x - 56$ | $+21x$
$56x = -56$ | $:56$
$x = -1$
$L = \{-1\}$

Ich löse die Klammern auf.

die Lösungsmenge, die Lösungsmengen
die Klammer, die Klammern

auf einer Seite sammeln, ich sammle auf einer Seite
zusammenfassen, ich fasse zusammen

auflösen, ich löse auf
berechnen, ich berechne
angeben, ich gebe an

5 Kreuze die richtige Gleichung an. Löse sie in deinem Heft.

a) Sechs Hefte kosten 3,60 Euro. Was kostet ein Heft?

- [ ] $6x = 3{,}6$
- [ ] $6 + x = 3{,}6$

b) Das Dreifache einer Zahl ist um 10 größer als 26. Bestimme die Zahl.

- [ ] $3x + 10 = 26$
- [ ] $3x - 10 = 26$

c) Wenn man 15 vom Fünffachen einer Zahl subtrahiert, dann ergibt sich das Zweifache der Zahl.

- [ ] $5x : 15 = 2x$
- [ ] $5x - 15 = 2x$

d) Wenn eine Zahl um 25 vergrößert wird, dann ergibt sich das Gleiche, als wenn man 13 vom Doppelten der Zahl abzieht.

- [ ] $x + 25 = 2x - 13$
- [ ] $x \cdot 25 = 13 - 2x$

6 Ordne richtig zu. Löse anschließend in deinem Heft.

a) Karl hat fünf Euro in seinem Geldbeutel. Er kauft 5 Stifte. Jetzt sind noch 2,20 Euro in seinem Geldbeutel.

b) Die Summe der Kantenlängen in einem Rechteck beträgt 50 cm. Eine Kante ist um 7 cm länger als die andere.

c) Eine Boutique hat den Preis einer Hose um 16 Euro reduziert. Jetzt kostet die Hose nur noch drei Viertel des ursprünglichen Preises.

d) Wenn man zwei gegenüberliegende Seiten eines Quadrats um 3 cm verlängert und die anderen beiden Seiten um 2 cm verkürzt, entsteht ein Rechteck mit gleichem Flächeninhalt.

e) Eine Treppe besteht aus 16 Stufen. Wenn man jede Stufe 2 cm höher baut, braucht man nur 14 Stufen. Wie hoch ist jede Stufe?

- $x - 16 = 0{,}75 \cdot x$
- $x + x + 7 = 50$
- $2x + 2(x+7) = 50$
- $x : 16 = 0{,}75 \cdot x$
- $16 \cdot x = (x + 2) \cdot 14$
- $5 - 5x = 2{,}20$
- $x \cdot x = (x - 3)(x + 2)$
- $(x + 3)(x - 2) = x \cdot x$

die Hose, die Hosen
die Boutique, die Boutiquen
die Kante, die Kanten

das Heft, die Hefte
das Quadrat, die Quadrate
das Rechteck, die Rechtecke

der Geldbeutel, die Geldbeutel
der Stift, die Stifte
die Treppe, die Treppen
die Stufe, die Stufen

7 **Benenne die Variablen. Kreuze das richtige Gleichungssystem an.**

a) Zwei Kaugummis und vier Schokoriegel kosten 3,40 Euro, fünf Kaugummis und zwei Schokoriegel kosten 2,10 Euro.

Preis eines Kaugummis: k / Preis eines Schokoriegels: s

☐ (1) $2k + 4s = 3{,}4$ (2) $5k + 2s = 2{,}1$

☐ (1) $2s + 4k = 3{,}4$ (2) $5k + 2s = 2{,}1$

☐ (1) $2k \cdot 4s = 3{,}4$ (2) $5k \cdot 2s = 2{,}1$

b) Lenas und Max' Taschengeld von beträgt zusammen 45 Euro. Lena bekommt 7 Euro mehr Taschengeld als Max.

Höhe des Taschengelds von Lena: l /

☐ (1) $l + m = 45$ (2) $l = m + 7$

☐ (1) $l \cdot m = 45$ (2) $l + 7 = m$

☐ (1) $l + m = 45$ (2) $l + 7 = m$

c) Anton ist 5 Jahre älter als sein Bruder Bert. In drei Jahren wird Anton doppelt so alt sein wie Bert.

Berts Alter heute:

☐ (1) $a + 5 = b$ (2) $a + 3 = 2 \cdot (b + 3)$

☐ (1) $a = b + 5$ (2) $3a = 2 \cdot 3b$

☐ (1) $a - 5 = b$ (2) $a + 3 = 2 \cdot (b + 3)$

8 **Löse die Gleichungssysteme in deinem Heft. Was ist dein erster Schritt?**

ausklammern
~~auflösen~~
einsetzen
zusammenfassen

a) (1) $2g - 13 = 4h + 13$
(2) $2{,}5g - 0{,}5h = 10$

Ich löse die erste Gleichung nach g auf.

b) (1) $4c - 3d = -1$
(2) $d = 13 - 5c$

c) (1) $6p - 12 + 4q = 15 - 4p - 5q - 4$
(2) $2q - 3 + 4p = 5q - 6 - 2p$

d) (1) $3(x - 5) - 3y = 4(2 - y) - 19$
(2) $4y - 7(3 - 2x) + 29 = 2(2x - y)$

auflösen, ich löse auf
benennen, ich benenne
zusammenfassen, ich fasse zusammen

die Variable, die Variablen
das Taschengeld, –
das Alter, –

der Schokoriegel, die Schokoriegel
der Kaugummi, die Kaugummis

Quadratische Gleichungen lösen

1 Schreibe richtige Aussagen in dein Heft. Notiere auch die Rechnung.

a) Die Wurzel aus 49 ist 7. $\sqrt{49} = 7$

b) Aus –256 kann man keine Wurzel ziehen.

144 ~~–256~~
121 ~~49~~
64 –169
324

2 Begründe.

a) $x^2 = 16$ hat die Lösungen –4 und +4, denn $4^2 = 16$ und $(-4)^2 = 16$

b) $x^2 = -26$ hat keine Lösung

c) $x^2 = 81$

d) $x^2 = -169$

e) $x^2 = 361$

3 Setze die Begriffe richtig ein.

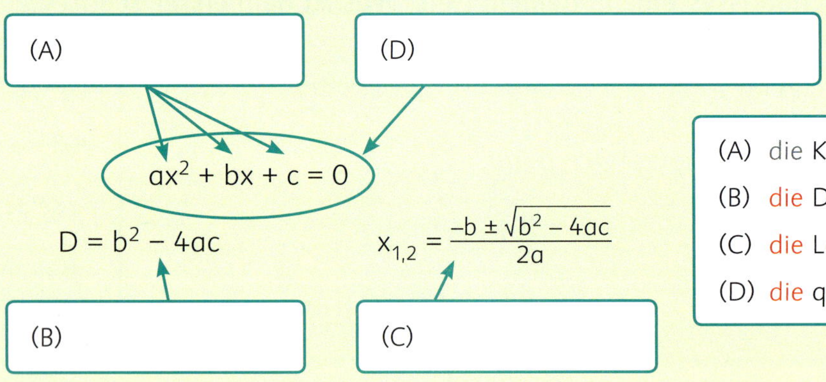

(A) die Koeffizienten
(B) die Diskriminante
(C) die Lösungsformel
(D) die quadratische Gleichung

4 Bilde richtige Aussagen.

Wenn die Diskriminante	größer als	0 ist, hat die quadratische Gleichung	keine	Lösung.
	kleiner als		eine	Lösungen.
	gleich		zwei	

5 Gib die Koeffizienten an.

a) $7 - 5x^2 + 3x = 0$ — $a = -5$ $b = 3$ $c = 7$

b) $4x^2 - 12x = 0$

c) $9x^2 - 4 = 0$

d) $8x - 0{,}5 + 2x^2 = 0$

e) $2(x^2 - 7x + 6) = 0$

6 Klammere aus und gib die Lösungsmenge an.

a) $x^2 - 5x = 0$

$x \cdot (x - 5) = 0$ $x_1 = 0, x_2 = 5,$ $L = \{0; 5\}$

b) $2x - 8x^2 = 0$

c) $7x = x^2$

~~$L = \{0; 5\}$~~

$L = \{-3; 2\}$

$L = \{0; 7\}$

$L = \{0; -2\}$

$L = \left\{0; \frac{1}{4}\right\}$

7 Bestimme die Lösungsmenge.

a) $x^2 - 23 = 26$ $| + 23$

$x^2 = 49$ $| \sqrt{\ }$

$x = \pm 7$

- [ ] $L = \{-7, 7\}$
- [ ] $L = \{7\}$
- [ ] $L = \{\ \}$

b) $x^2 - 196 = 0$ $| + 196$

- [ ] $L = \{14\}$
- [ ] $L = \{\ \}$
- [ ] $L = \{-14, 14\}$

c) $x^2 + 169 = 0$

- [ ] $L = \{-13, 13\}$
- [ ] $L = \{\ \}$
- [ ] $L = \{13\}$

8 Forme in ein Produkt um (= faktorisiere) und bestimme die Lösungsmenge.

a) $x^2 - 6x + 9 = 0$ $\Leftrightarrow (x - 3)^2$ $L = \{3\}$

b) $x^2 - 121 = 0$

c) $x^2 - 4x + 4 = 0$

d) $4x^2 + 12x + 9 = 0$

e) $x^2 + 64 = 0$

Tipp: binomische Formeln!

die Lösungsmenge, die Lösungsmengen
die binomische Formel, die binomischen Formeln

das Produkt, die Produkte
der Koeffizient, die Koeffizienten

ausklammern, er/sie klammert aus
faktorisieren, er/sie faktorisiert

9 **Berechne die Diskriminante. Wie viele Lösungen hat die Gleichung?**

a) $2x^2 - 8x + 8 = 0$ D = −82 − 4 · 2 · 8 = 0.

Die Gleichung hat eine Lösung, weil die Diskriminante 0 ist.

b) $3x^2 - 5x + 4 = 0$

c) $-2x^2 - 3x + 9 = 0$

10 **Entscheide, welche Gleichung passt.**

a) Das Quadrat einer natürlichen Zahl ist um 21 größer als das Vierfache der Zahl.

- ☐ $x^2 + 21 = 4x$
- ☐ $x^2 - 21 = 4x$
- ☐ $x^2 - 21 = 4 + x$

b) Wenn man eine Zahl mit ihrer Gegenzahl multipliziert und das Vierfache der Zahl addiert, so ergibt sich −5.

- ☐ $x \cdot (-x) + 4x = -5$
- ☐ $x - x + 4x = -5$
- ☐ $x \cdot (-x) = 4x - 5$

c) Wenn man zum Quadrat einer natürlichen Zahl das Dreifache der Zahl addiert, so ergibt sich eine Zahl, die um 15 größer ist als die Hälfte der Zahl.

- ☐ $x^2 + 3x + 15 = 0{,}5x$
- ☐ $x^2 - 3x = 0{,}5x + 15$
- ☐ $x^2 + 3x = 0{,}5x + 15$

d) Wenn man 15 von dem Produkt der um 4 vergrößerten Zahl mit der um 4 verkleinerten Zahl subtrahiert, so ergibt sich 90.

- ☐ $15 - (x + 4)(x - 4) = 90$
- ☐ $(x + 4) : (x - 4) - 15 = 90$
- ☐ $(x + 4)(x - 4) - 15 = 90$

die Diskriminante, die Diskriminanten
die Lösung, die Lösungen
die Gegenzahl, die Gegenzahlen

das Quadrat, die Quadrate
das Vierfache, –
das Produkt, die Produkte

addieren, er/sie addiert
multiplizieren, er/sie multipliziert
subtrahieren, er/sie subtrahiert

11 Formuliere die Terme in Worten. Verwende dazu Sätze wie in Aufgabe 10.
Löse die Gleichungen dann in deinem Heft.

a) $x(x + 3) = 18$

b) $x^2 = 2x + 15$

c) $x^2 - 3x = 54$

12 Entscheide, wie du vorgehst, und bestimme die Lösungsmenge.

a) $7x^2 - 3,5x = 0$ *Ich klammere 3,5x aus.*

b) $x^2 = 361$

c) $x^2 - 30x + 225 = 0$

d) $2x^2 + 10x - 28 = 0$

e) $49x^2 - 4 = 0$

faktorisieren
ausklammern
Lösungsformel verwenden
Wurzel ziehen

13 Löse in deinem Heft und verbinde.

a) $x^2 = 6 + x$

b) $2x - 3 = x(x - 3)$

c) $x^2 + 5x + 6 = 0$

d) $x(x + 1) = 6$

$L = \{2; -3\}$
$L = \{-3; -2\}$
$L = \{2; 3\}$
$L = \{-3; 2\}$

die Lösungsmenge, die Lösungsmengen
die Lösungsformel, –

faktorisieren, ich faktorisiere
ausklammern, ich klammere aus
die Wurzel ziehen, ich ziehe die Wurzel

formulieren, ich formuliere
verwenden, ich verwende

1 **Ordne richtig zu.**

a) Eden hat 6 Euro in ihrer Hosentasche. Sie kauft sich 8 Schokoriegel und hat noch 2 Euro übrig.

b) Sechs Lineale und zwei Stifte kosten 8 Euro. Sechs Stifte und zwei Lineale kosten 16 Euro.

c) Multipliziert man eine Zahl mit der um 6 vergrößerten Zahl, so ergibt sich 16.

$x(x + 6) = 16$

(1) $6x + 2y = 8$
(2) $2x + 6y = 16$

$6 - 8x = 2$

2 **Welches Lösungspaar ist richtig? Rechne nach und kreuze an.**

a) (1) $5a = 3 - 2b$
(2) $4b + 9a = 3$

☐ $L = \{(1|-1)\}$
☐ $L = \{(3|-6)\}$

b) (1) $m - n = 5$
(2) $m + n = 9$

☐ $L = \{(7|2)\}$
☐ $L = \{(6|1)\}$

c) (1) $0{,}5s - 6 = 2t$
(2) $7t + 15 = s$

☐ $L = \{(4|-2)\}$
☐ $L = \{(8|-1)\}$

3 **Gib die Lösungsmenge an. Verwende nicht die Lösungsformel.**

a) $x^2 = 324$

b) $x^2 = 8x$

c) $25x^2 - 10x + 1 = 0$

d) $x^2 - 81 = 0$

4 **Kreuze an.**

a) $3k^2 - 7k - 2 = 0$

☐ hat keine Lösung
☐ hat eine Lösung
☐ hat zwei Lösungen

b) $0{,}25a^2 + 3a + 9 = 0$

☐ hat keine Lösung
☐ hat eine Lösung
☐ hat zwei Lösungen

c) $5x^2 - 11x + 7 = 0$

☐ hat keine Lösung
☐ hat eine Lösung
☐ hat zwei Lösungen

das kann ich gut · das kann ich einigermaßen · das muss ich noch üben

	neue Wörter	in meiner Sprache
$3x - 2 = 9$	die Gleichung, die Gleichungen	
$3x - 2 = 9$	die Variable, die Variablen	
$3x - 5 = 0$	die lineare Gleichung, die linearen Gleichungen	
(1) $x - 3 = y$ (2) $2x + 3y = 1$	das lineare Gleichungssystem, die linearen Gleichungssysteme	
$x_1 = -2,\ x_2 = 3$	die Lösung, die Lösungen	
$L = \{-2;\ 3\}$	die Lösungsmenge, die Lösungsmengen	
x^2	das Quadrat, die Quadrate	
$ax^2 + bx + c = 0$	die quadratische Gleichung, die quadratischen Gleichungen	
$ax^2 + bx + c = 0$	der Koeffizient, die Koeffizienten	
$D = b^2 - 4ac$	die Diskriminante, die Diskriminanten	
$x_{1,2} = \frac{-b \pm \sqrt{b^2 - 4ac}}{2a}$	die Lösungsformel, –	
$\sqrt{121}$	die Wurzel, die Wurzeln	
$\sqrt{121} = 11$	die Wurzel ziehen, er zieht die Wurzel	
$\sqrt{121}$	der Radikand, die Radikanden	
$\lvert x \rvert$	der Betrag, die Beträge	
$3x - 15 = 18 \mid +15$ $3x = 33 \mid :3$	die Äquivalenzumformung, die Äquivalenzumformungen	
$x^2 - 3x = x(x - 3)$	ausklammern, er/sie klammert aus	
$x(x - 3) = x^2 - 3x$	ausmultiplizieren, er/sie multipliziert aus	
$x^2 - 9 = (x + 3)(x - 3)$	faktorisieren, er/sie faktorisiert	
$2a + b - a + 3b = a + 4b$	zusammenfassen, er/sie fasst zusammen	
$x - (2x + 3) = x - 2x - 3$	auflösen, er/sie löst auf	
$3x + c = -2x - a \Leftrightarrow 5x = -a - c$	sammeln, er/sie sammelt	

4 Zuordnungen und Funktionen analysieren

1. Welche Obstsorten kennst du?
2. Was machen Eden, Hassan, Erfan und Amina?
3. Welche Form hat die Flugkurve des Apfels?
   Die Flugkurve hat die Form
   - ☐ einer Parabel.
   - ☐ einer Hyperbel.
   - ☐ einer Gerade.

die Banane, die Bananen
die Traube, die Trauben
die Kiwi, die Kiwis
die Plastiktüte, die Plastiktüten

das Obst, –
der Apfel, die Äpfel
der Marktstand, die Marktstände
die Flugkurve, die Flugkurven

bezahlen, er/sie bezahlt
essen, er/sie isst
werfen, er/sie wirft
fangen, er/sie fängt

1 Trage die Begriffe an den richtigen Stellen ein.

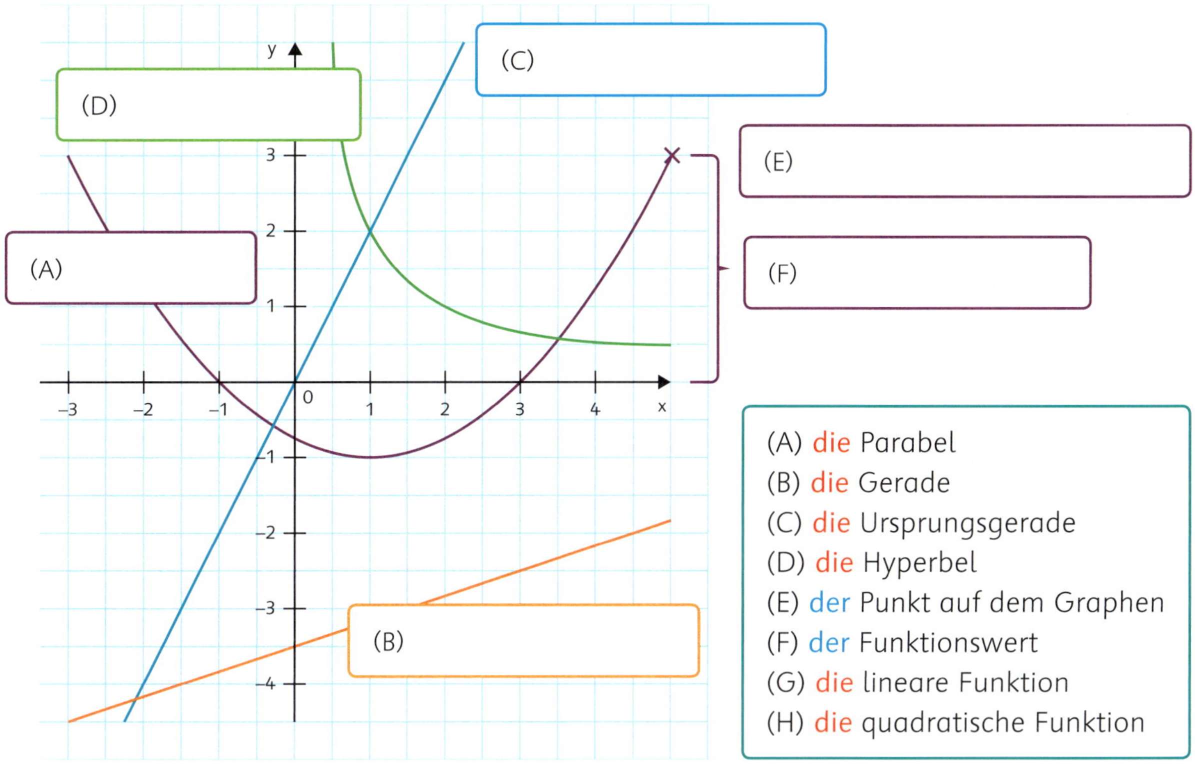

(A) die Parabel
(B) die Gerade
(C) die Ursprungsgerade
(D) die Hyperbel
(E) der Punkt auf dem Graphen
(F) der Funktionswert
(G) die lineare Funktion
(H) die quadratische Funktion

$g(x) = \frac{1}{3}x - 3{,}5$

(G)

$h(x) = 0{,}25x^2 - 0{,}5x - 0{,}75$

(H)

2 Graph einer Funktion oder nicht? Kreuze an.

Eine **Funktion** ordnet jedem **x**-Wert **genau einen** y-Wert zu.

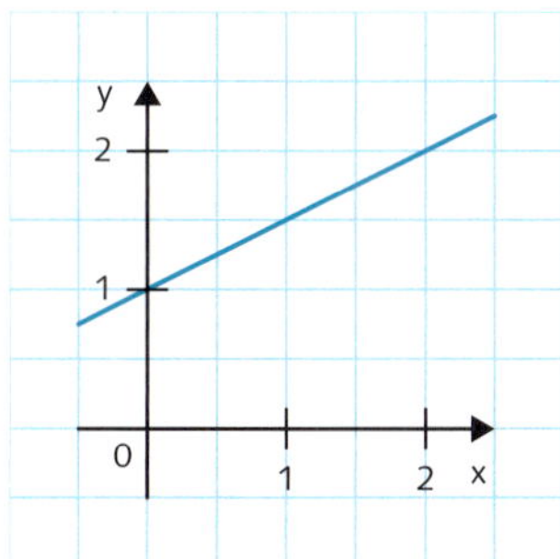

☐ Ja
☐ Nein

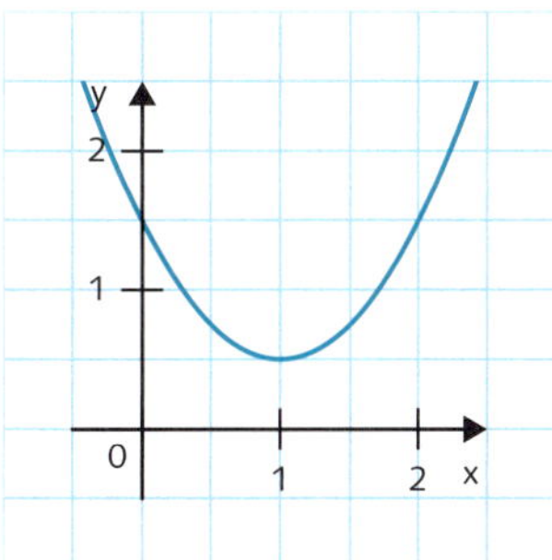

☐ Ja
☐ Nein

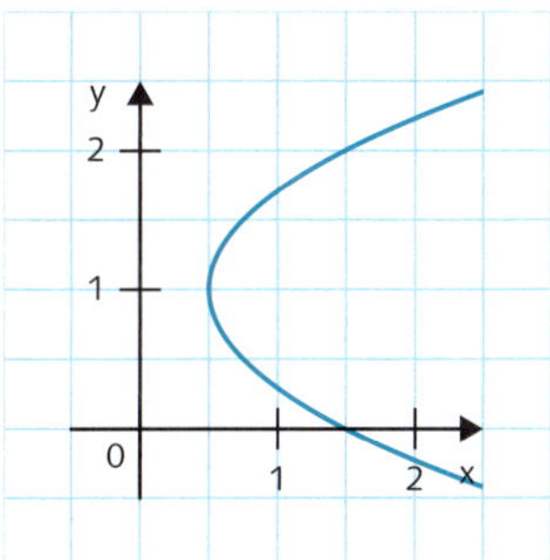

☐ Ja
☐ Nein

die Parabel, die Parabeln
die Hyperbel, die Hyperbeln
die Ursprungsgerade,
die Ursprungsgeraden

die lineare Funktion,
die linearen Funktionen
die quadratische Funktion,
die quadratischen Funktionen

der Graph, die Graphen
der Punkt, die Punkte
der Funktionswert,
die Funktionswerte

Proportionale und antiproportionale Zuordnungen analysieren

1 Trage die Begriffe an den richtigen Stellen ein. Ergänze die Zahlenwerte.

(B)

· 2 · 3 · k

(F)

x in kg	1	2	3	4		...
y in €	2,5	5		10		...

· 2 · 3 · k

(E)

$\frac{y}{x} = \frac{2{,}5}{1} = \frac{5}{2} = \frac{\_\_\_}{3} = \frac{10}{\_\_\_} = \frac{\_\_\_}{\_\_\_} = 2{,}5$

(C)

(A) die Produktgleichheit
(B) die proportionale Zuordnung
(C) die Quotientengleichheit
(D) die antiproportionale Zuordnung
(E) der Proportionalitätsfaktor
(F) die Wertetabelle

2 Trage die Begriffe an den richtigen Stellen ein. Ergänze die Zahlenwerte.

(D)

· 2 · 3 · k

x in l/min	10	20	30			...
y in min	12	6		3		...

$\cdot \frac{1}{2}$ $\cdot \frac{1}{3}$ $\cdot \frac{1}{k}$

$x \cdot y = 10 \cdot 12 = 20 \cdot 6 = 30 \cdot \_\_\_ = 40 \cdot 3 = \_\_\_ \cdot \_\_\_ = 120$

(A)

3 **Proportionalität oder nicht? Kreuze an. Schreibe eine Begründung.**

a) Radius r eines Kreises ↦ Fläche des Kreises ☐ Ja ☒ Nein

Nein, denn zum k-Fachen des Radius gehört das k^2-Fache der Fläche.

b) Radius r eines Kreises ↦ Umfang des Kreises ☐ Ja ☐ Nein

____

c) Seitenlänge eines Quadrats ↦ Umfang des Quadrats ☐ Ja ☐ Nein

____

d) Kantenlänge eines Würfels ↦ Volumen des Würfels ☐ Ja ☐ Nein

____

e) Höhe eines Baumes ↦ Länge des Schattens ☐ Ja ☐ Nein

____

f) Länge einer Metallstange ↦ Gewicht der Metallstange ☐ Ja ☐ Nein

____

4 **Bestimme den Proportionalitätsfaktor. Ergänze die Wertetabelle.**

a) Höhe eines Baumes ↦ Länge des Schattens

h in Metern	1	2	3			8	10
l in Metern			1,5	2	3		

b) Seitenlänge eines Quadrats ↦ Umfang des Quadrats

s in cm	2	5	10				
U in cm			40	1	4	10	50

c) Länge einer Metallstange ↦ Gewicht der Metallstange

l in cm	1		5	7,5			15
m in g		12	40		80	108	

die Seitenlänge, die Seitenlängen
die Fläche, die Flächen
die Metallstange, die Metallstangen
die Wertetabelle, die Wertetabellen

das Quadrat, die Quadrate
das Volumen, die Volumina
das Gewicht, die Gewichte

der Radius, die Radien
der Baum, die Bäume
der Schatten, die Schatten
der Proportionalitätsfaktor, –

5 Beschrifte die Achsen und ordne die Zuordnungsvorschriften richtig zu.

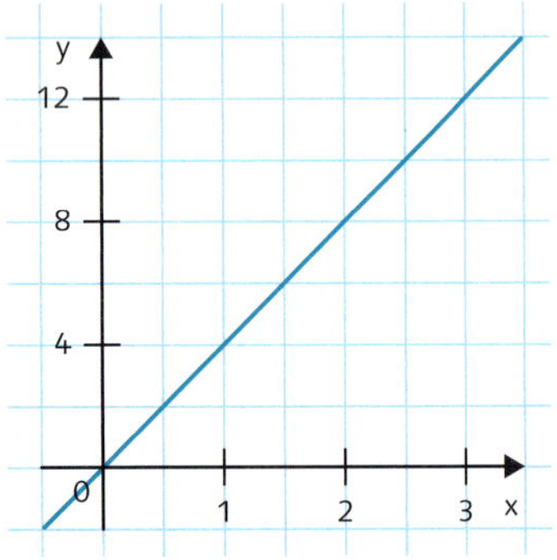

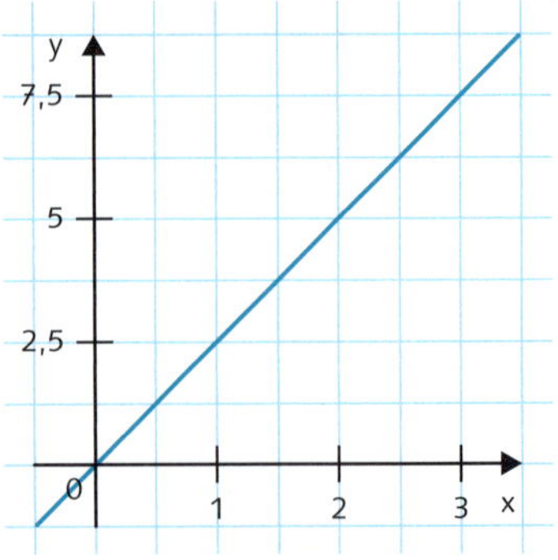

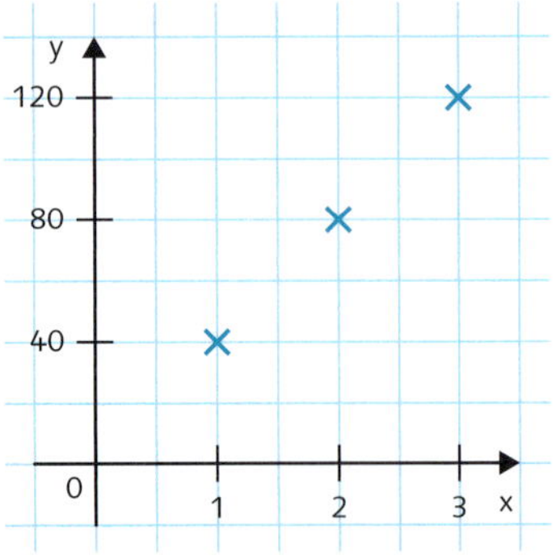

Gewicht der Äpfel ↦ Preis für die Äpfel

Anzahl an Personen ↦ Wasserverbrauch

Seitenlänge des Quadrats ↦ Umfang des Quadrats

6 Antiproportionalität oder nicht? Kreuze an. Schreibe eine Begründung.

a) Anzahl an Personen, die sich eine Pizza teilen ↦ Menge an Pizza pro Person

☒ Ja
☐ Nein

Ja, denn zum k-Fachen der Anzahl an Personen gehört das $\frac{1}{k}$-Fache der Menge an Pizza pro Person.

b) Geschwindigkeit, mit der ein Radfahrer eine Strecke fährt ↦ Zeit, die der Radfahrer für die Strecke benötigt

☐ Ja
☐ Nein

c) Anzahl der vergangenen Ferientage ↦ Anzahl der übrigen Ferientage

☐ Ja
☐ Nein

d) Anzahl von Bauarbeitern ↦ Zeit, die die Bauarbeiter benötigen, um eine Mauer zu bauen

☐ Ja
☐ Nein

die Geschwindigkeit, die Geschwindigkeiten
die Pizza, die Pizzas
die Strecke, die Strecken
die Person, die Personen
die Anzahl, –
der Radfahrer, die Radfahrer
der Apfel, die Äpfel
der Wasserverbrauch, –
der Umfang, die Umfänge
der Ferientag, die Ferientage

7 Eine Teststrecke für Autos hat eine Länge von 8 km.

a) Fülle die Tabelle für die Zuordnung: Geschwindigkeit ↦ Dauer aus.

Geschwindigkeit v in km/h		20		60	80	160	
Dauer in min	48		12	8			2

b) Trage die Werte in das Koordinatensystem ein.

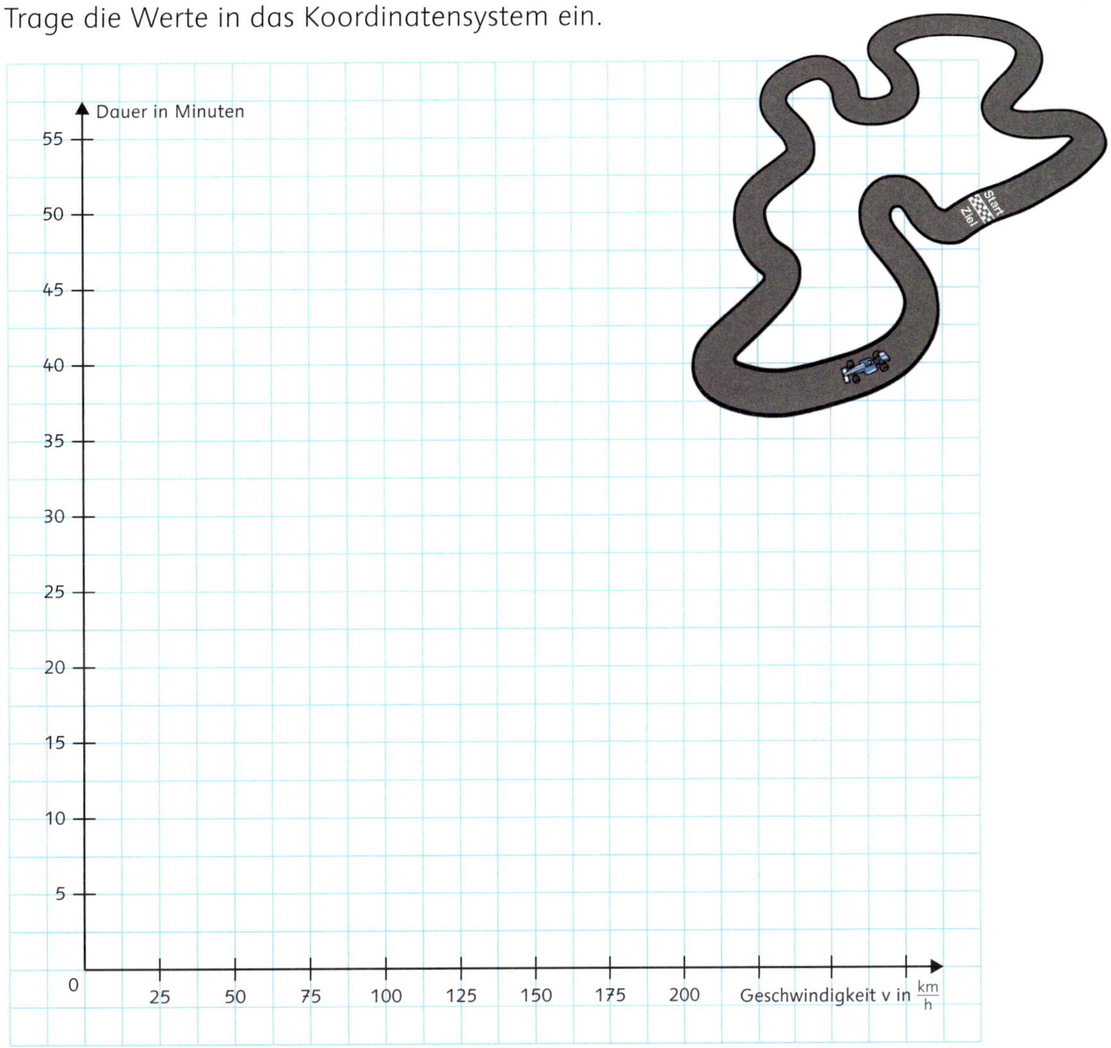

c) Schreibe ganze Sätze. Lies fehlende Werte aus dem Graphen ab.

Bei einer Geschwindigkeit von 20 km/h benötigt der Fahrer 24 Minuten.

40:

60:

80:

120:

die Teststrecke, die Teststrecken
die Geschwindigkeit, die Geschwindigkeiten
die Zuordnung, die Zuordnungen
die Dauer, –

benötigen, er/sie benötigt
das Koordinatensystem, die Koordinatensysteme

der Wert, die Werte
der Graph, die Graphen
der Fahrer, die Fahrer

Lineare Funktionen untersuchen

1 Trage die Begriffe an den richtigen Stellen ein.

(E)

(B)

$y = mx + t$

(F)

(C)

(A) das Steigungsdreieck
(B) der y-Achsenabschnitt
(C) die Steigung
(D) die Funktionsgleichung
(E) die allgemeine Geradengleichung
(F) die Nullstelle

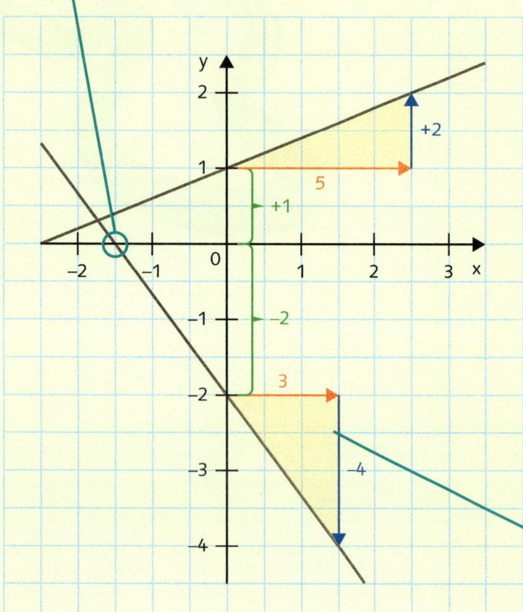

$y = \frac{2}{5}x + 1$

(D)

$y = \frac{-4}{3}x - 2$

(A)

2 Kreuze die richtige Funktionsgleichung an.

Für m > 0 steigt der Graph der Funktion.

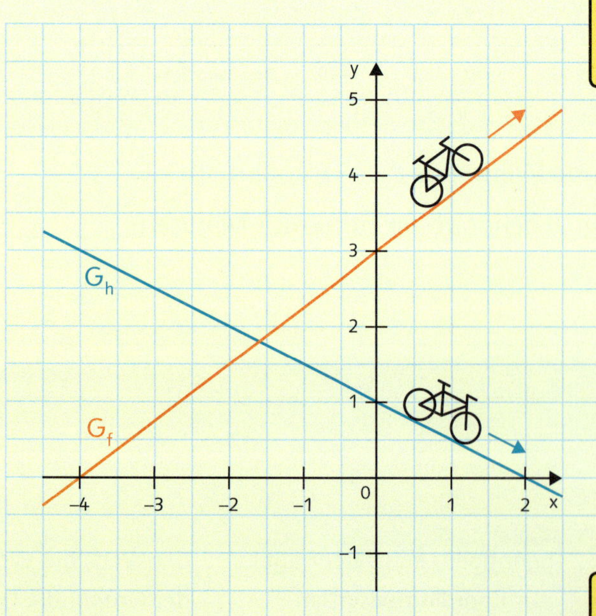

☐ $y = \frac{3}{4}x + 3$

☐ $y = 2x + 3$

die Funktionsgleichung

☐ $y = -\frac{1}{2}x + 1$

☐ $y = -2x + 1$

Für m < 0 fällt der Graph der Funktion.

3 Gib jeweils die Steigung und den y-Achsenabschnitt an.

a) $f(x) = -3x + 5$ — *Die Steigung ist −3, der y-Achsenabschnitt ist 5.*

b) $f(x) = 0{,}5 - \frac{3}{2}x$ ______

c) $f(x) = 0{,}25x - 2$ ______

d) $f(x) = 4x - 2{,}5$ ______

e) $f(x) = -7 - x$ ______

4 Kreuze die richtige Funktionsgleichung an. Zeichne dazu ein Steigungsdreieck ein.

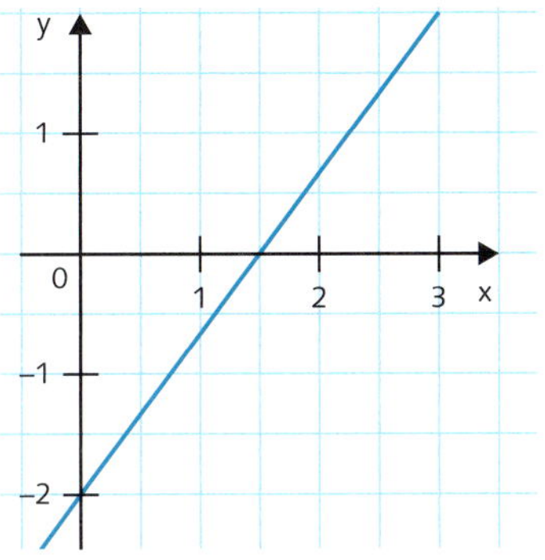

- ☐ $y = \frac{2}{3}x - 2$
- ☐ $y = \frac{3}{2}x - 2$
- ☐ $y = \frac{3}{2}x + 2$

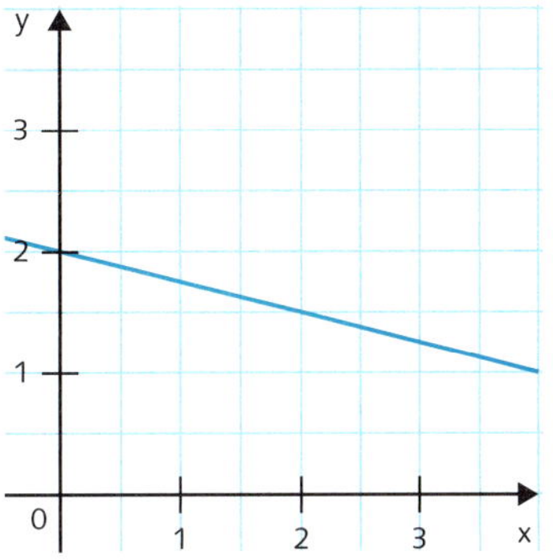

- ☐ $y = \frac{1}{4}x + 2$
- ☐ $y = 4x + 2$
- ☐ $y = -\frac{1}{4}x + 2$

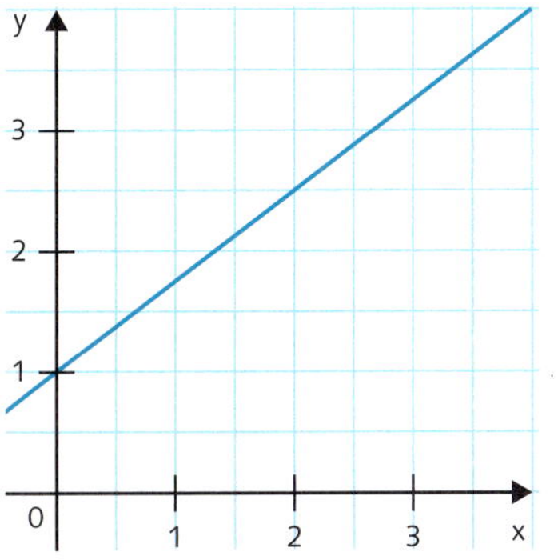

- ☐ $y = \frac{3}{4}x + 1$
- ☐ $y = x + \frac{3}{4}$
- ☐ $y = \frac{4}{3}x + 1$

5 Steigt oder fällt der Graph der Funktion? Schreibe in dein Arbeitsheft.

a) $y = 3x - 5$ — *Der Graph der Funktion y = 3x − 5 steigt, weil die Steigung größer als 0 ist.*

b) $y = -0{,}5x$ ______

c) $y = \frac{7}{2}x + 1$ ______

d) $y = 4 - 2x$ ______

die Funktion, die Funktionen
die Funktionsgleichung, die Funktionsgleichungen
die Steigung, die Steigungen
das Steigungsdreieck, die Steigungsdreiecke
der y-Achsenabschnitt, die y-Achsenabschnitte
der Graph, die Graphen

6 Ordne die Funktionen den Graphen zu. Verbinde

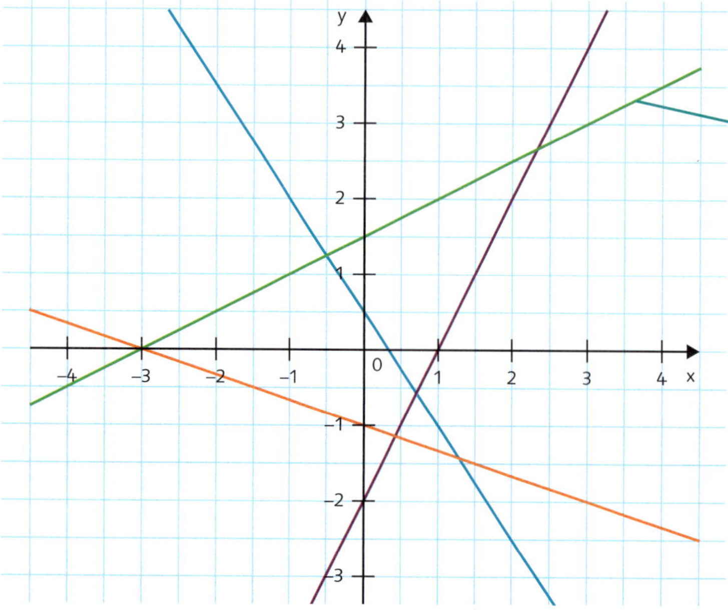

$f(x) = 2x - 2$

$f(x) = 0,5x + 1,5$

$f(x) = 0,5 - \frac{3}{2}x$

$f(x) = \frac{1}{3}x - 1$

$f(x) = -\frac{1}{3}x - 1$

$f(x) = 0,5x - 2$

7 Berechne den Funktionswert. Prüfe, ob der Punkt auf dem Graphen der Funktion liegt.

a) $f(x) = 4x + 1$, $f(2) =$ $4 \cdot 2 + 1 = 9$ P(2 | 8)

Der Punkt P(2|8) liegt nicht auf dem Graphen der Funktion f(x), weil der Funktionswert f(2) = 9 ist.

b) $g(x) = -2,5x - 2$, $g(-4) =$ ________ Q(−4 | 7)

c) $h(x) = 6 - 3x$, $h(2) =$ ________ R(2 | 0)

8 Wo liegt die Nullstelle der Funktion? Kreuze an.

a) $f(x) = 5x + 10$
- ☐ $x = 2$
- ☐ $x = -2$

b) $f(x) = 6 - 1,5x$
- ☐ $x = -4$
- ☐ $x = 4$

c) $f(x) = \frac{1}{6}x + 3$
- ☐ $x = -18$
- ☐ $x = 18$

die Funktion, die Funktionen
die Nullstelle, die Nullstellen
der Punkt, die Punkte
der Graph, die Graphen
der Funktionswert, die Funktionswerte

9 **Zeichne die Graphen der Funktionen in das Koordinatensystem.**

a) $f(x) = 2{,}5x - 2$

b) $g(x) = 0{,}2x - 2$

c) $h(x) = -\frac{1}{3}x + 2$

d) $k(x) = -2x - 3$

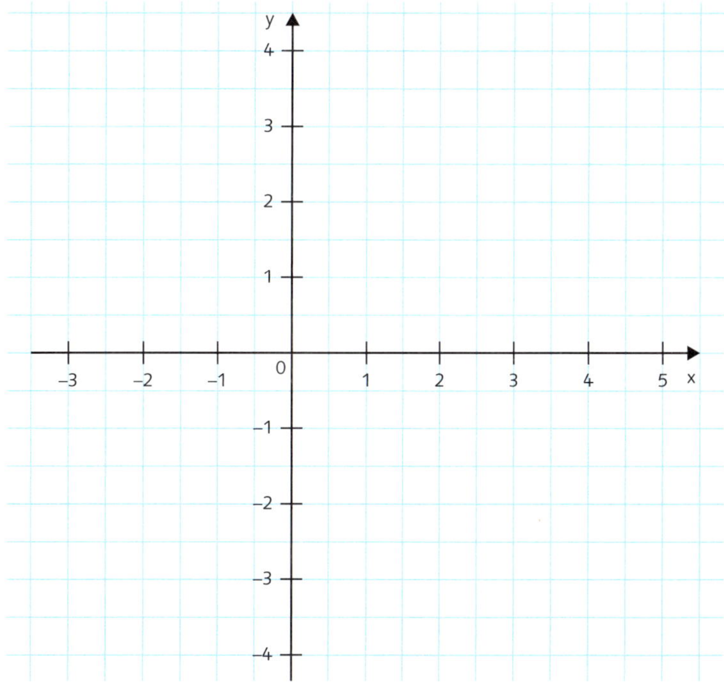

10 **Lies die Aufgaben durch und kreuze die richtige Funktionsgleichung an.**

a) 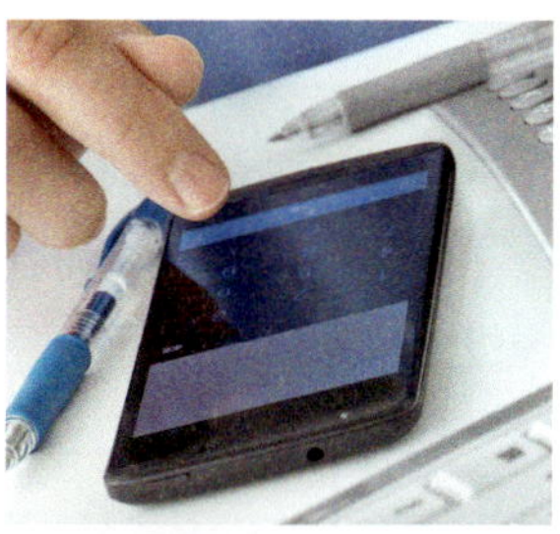

Bei einem Handyvertrag beträgt die Grundgebühr 5 Euro monatlich. Jede Gesprächsminute kostet 0,2 Euro.

☐ $k(x) = 0{,}2 \cdot x + 5$

☐ $k(x) = 5 \cdot x + 0{,}5$

b) 

In einer Badewanne sind 120 Liter Wasser. Wenn man den Stöpsel zieht, fließen pro Minute 8 Liter ab.

☐ $m(x) = 120 - 8 \cdot t$

☐ $m(x) = 120 + 8 \cdot t$

c) 

Die Lehrer einer Schule verbrauchen täglich 25 Kaffeekapseln. Aktuell sind 300 Kapseln vorhanden.

☐ $k(x) = 25 \cdot t + 30$

☐ $k(x) = 300 - 25 \cdot t$

die Funktion, die Funktionen
die Grundgebühr, die Grundgebühren
die Badewanne, die Badewannen
die Kapsel, die Kapseln

der Graph, die Graphen
der Handyvertrag, die Handyverträge
der Stöpsel, die Stöpsel

das Produkt, die Produkte
abfließen, er/sie fließt ab
verbrauchen, er/sie verbraucht
ziehen, er/sie zieht

Quadratische Funktionen verstehen

1 **Setze die Begriffe richtig ein.**

$f(x) = ax^2 + bx + c$ — (C)

$f(x) = a(x - x_1)(x - x_2)$ — (A)

$f(x) = a(x - x_s)^2 + y_s$ — (E)

(B) — a

$\Rightarrow S(x_s \mid y_s)$ — (F)

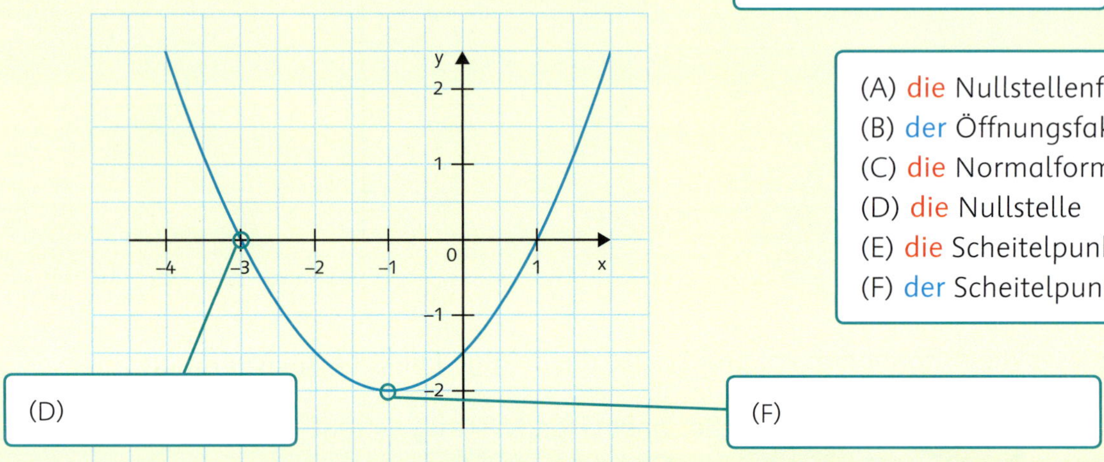

(A) die Nullstellenform
(B) der Öffnungsfaktor
(C) die Normalform
(D) die Nullstelle
(E) die Scheitelpunktsform
(F) der Scheitelpunkt

2 **Die Öffnung einer Parabel. Verbinde die Sätze mit der richtigen Parabel.**

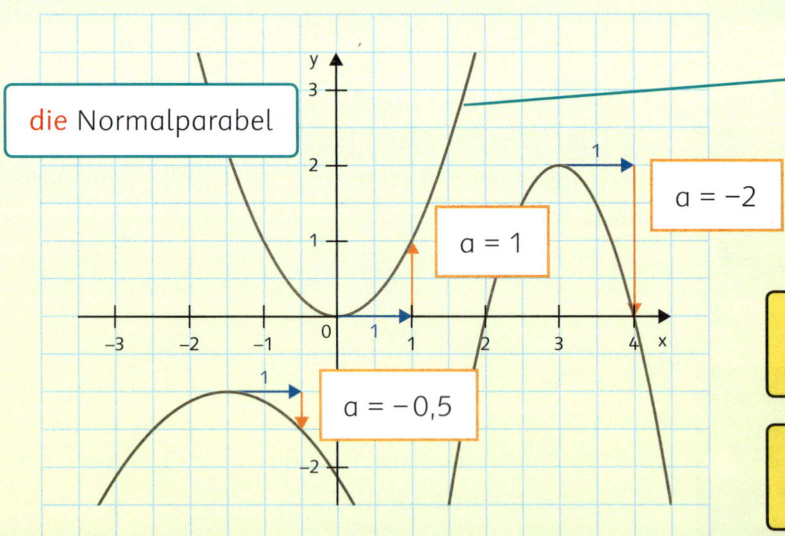

Für $a > 0$ ist die Parabel nach **oben** geöffnet.

Für $a < 0$ ist die Parabel nach **unten** geöffnet.

Für $|a| > 1$ ist die Parabel **enger** als die Normalparabel.

Für $|a| < 1$ ist die Parabel **weiter** als die Normalparabel.

3 Beschreibe den Graphen der Funktion.

a) $f(x) = -3x^2 - 2x + 1$

Der Graph ist enger als die Normalparabel und nach unten geöffnet.

b) $f(x) = x^2 - 2$

Der Graph ist genauso weit wie die Normalparabel und nach oben geöffnet.

c) $g(x) = -0{,}5x^2$

____

d) $h(x) = 2(x - 1)(x + 2)$

____

e) $k(x) = -\frac{1}{3}(x - 0{,}5)^2$

____

f) $k(x) = (x - 3)(4 - x)$

____

4 Welcher ist der Scheitelpunkt der Funktion? Kreuze an.

a) $f(x) = 2(x - 3)^2 - 5$
- ☐ S(−3 | −5)
- ☐ S(3 | −5)
- ☐ S(−3 | 5)

b) $g(x) = 0{,}5(x + 4)^2 - 1{,}5$
- ☐ S(−4 | −1,5)
- ☐ S(−4 | 1,5)
- ☐ S(4 | −1,5)

c) $h(x) = 3 - (x + 1)^2$
- ☐ S(1 | 3)
- ☐ S(3 | −1)
- ☐ S(−1 | 3)

5 Gib die Nullstellen der Funktion an.

a) $f(x) = (2x - 3)(3 - x)$ $x_1 = 1{,}5;\ x_2 = 3$

b) $f(x) = 4(x - 0{,}5)(x + 5)$ __________

c) $f(x) = x^2 - 4x + 4$ $= (x - 2)^2$ __________

d) $f(x) = x^2 - 9 =$ __________ __________

Achtung!
Denke an die binomischen Formeln!

die Funktion, die Funktionen
die Nullstelle, die Nullstellen
die binomische Formel, die binomischen Formeln

der Graph, die Graphen
der Scheitelpunkt, die Scheitelpunkte

eng, enger
weit, weiter
nach unten geöffnet
nach oben geöffnet

6 **Die quadratische Ergänzung. Ordne die Teilschritte richtig zu.**

$f(x) = 2x^2 - 10x - 6$

$f(x) = 2(x^2 - 5x - 3)$

$f(x) = 2(x^2 - 2 \cdot 2{,}5x + 2{,}5^2 - 2{,}5^2 - 3)$

$f(x) = 2[(x - 2{,}5)^2 - 9{,}25]$

$f(x) = 2(x - 2{,}5)^2 - 18{,}5$

- Ergänze zu einer binomischen Formel.
- Wende die binomische Formel an.
- Klammere den Öffnungsfaktor aus.
- Multipliziere die äußere Klammer aus.

7 **Bestimme die Koordinaten des Scheitelpunkts.**

a) $f(x) = 3(x - 1)(x + 3)$

Die Nullstellen sind $x_1 = 1$ und $x_2 = -3$.
$f(-1) = 3 \cdot (-2) \cdot 2 = -12 \quad \Rightarrow S(-1|12)$

b) $g(x) = -0{,}5(x - 2)(x - 6)$

Tipp:
Die **x**-Koordinate des Scheitelpunkts liegt in der Mitte der beiden Nullstellen!

8 **Kreuze die richtige Funktion an.**

a) Nullstellen bei $x_1 = 2$ und $x_2 = -3$
Genauso weit wie die Normalparabel
Nach oben geöffnet

- ☐ $f(x) = (x - 2)(x + 3)$
- ☐ $f(x) = (x + 2)(x - 3)$
- ☐ $f(x) = 2(x - 2)(x + 3)$

b) Doppelte Nullstelle bei $x_{1,2} = -1$
Betrag des Öffnungsfaktors ist 0,5
Nach unten geöffnet

- ☐ $f(x) = -0{,}5(x - 1)^2$
- ☐ $f(x) = -0{,}5(x + 1)^2$
- ☐ $f(x) = 0{,}5(x + 1)^2$

c) Scheitelpunkt bei $S(-2 | 3)$
Öffnungsfaktor ist 2

- ☐ $f(x) = 2(x + 2)^2 - 3$
- ☐ $f(x) = 2(x - 2)^2 + 3$
- ☐ $f(x) = 2(x + 2)^2 + 3$

die quadratische Ergänzung, –
die Normalparabel, die Normalparabeln
ausklammern, klammere aus!
ausmultiplizieren, multipliziere aus!

der Öffnungsfaktor, –
der Betrag, die Beträge
der Scheitelpunkt, die Scheitelpunkte
anwenden, wende an!

9 Ordne die Funktionsgleichungen richtig zu.

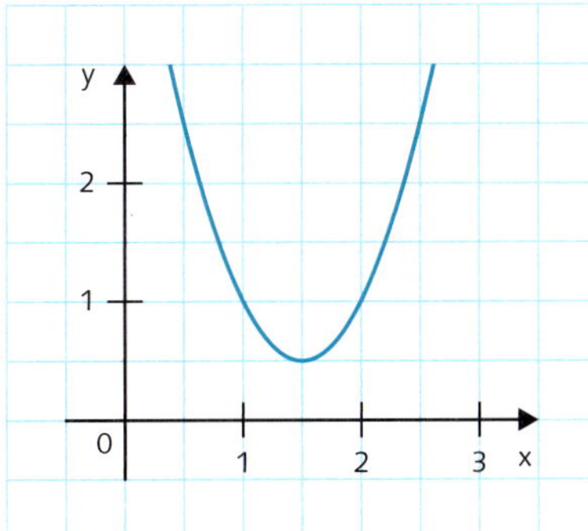

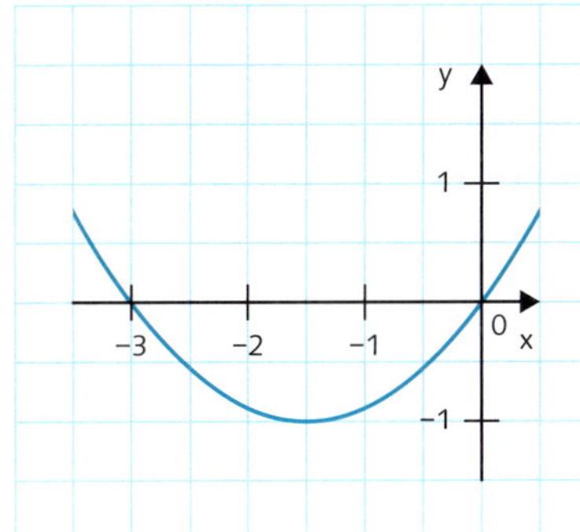

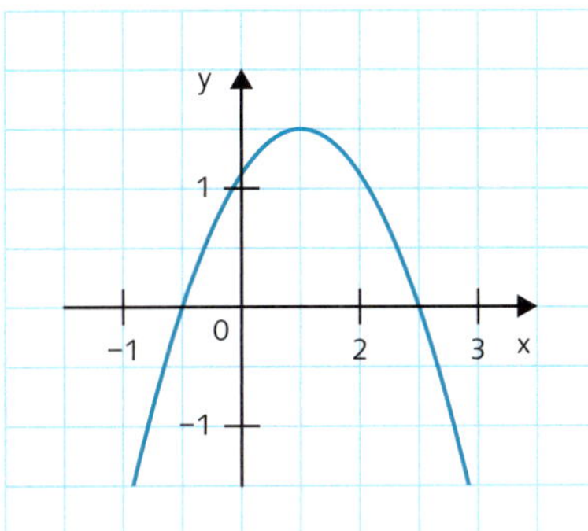

$y = \frac{4}{9}x(x + 3)$

$y = 2(x - 1{,}5)^2 + 0{,}5$

$y = x^2 - 1$

$y = -1{,}5(x - 0{,}5)^2 + 1{,}5$

$y = 3x^2$

$y = -0{,}5x(x + 2)$

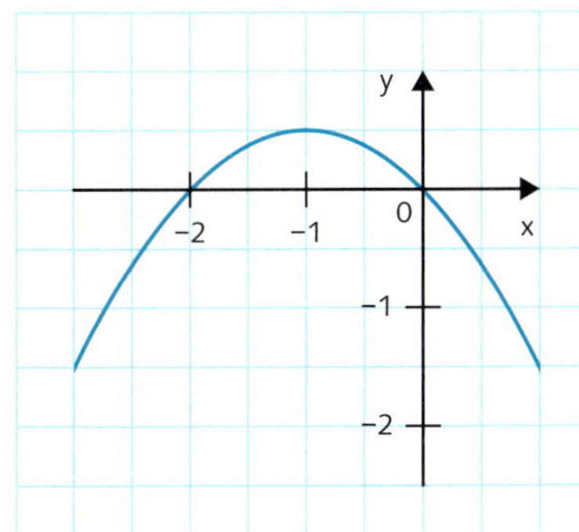

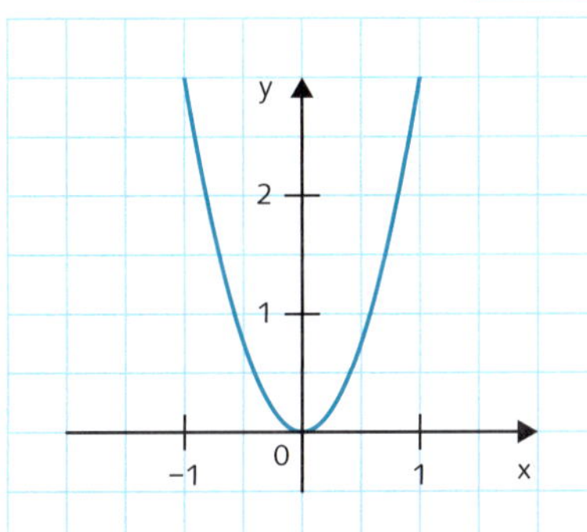

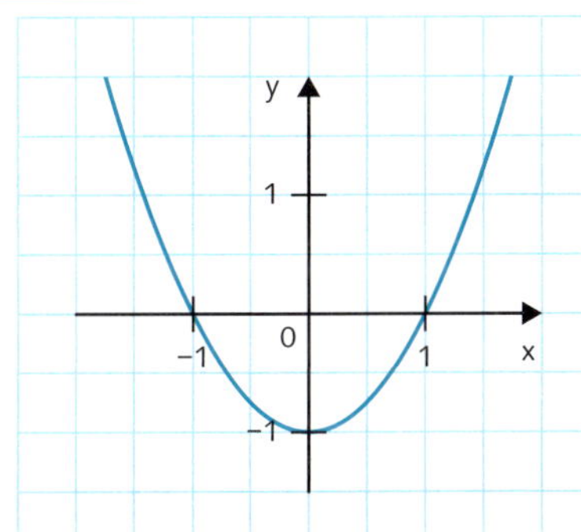

10 Lies den Text durch und bestimme die Funktionsgleichung.

Erfan wirft Amina einen Apfel zu. Die beiden stehen 20 Meter voneinander entfernt. Im höchsten Punkt ist der Apfel 5 Meter über der Höhe, von der aus Erfan geworfen hat. Gib eine Funktion an, die die Flugkurve beschreibt. Tipp: Verwende die Nullstellenform!

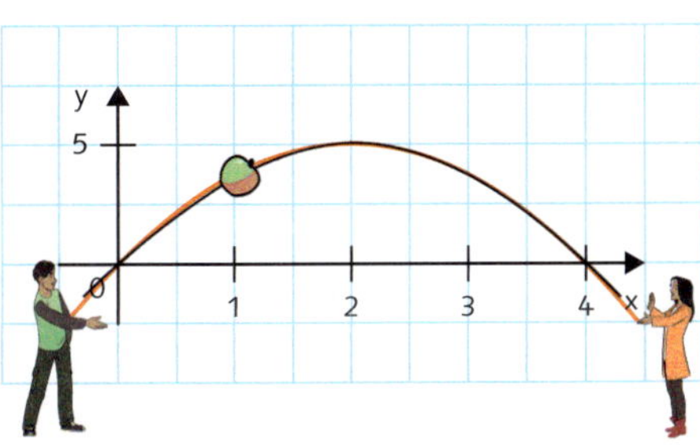

die Funktion, die Funktionen
die Flugkurve, die Flugkurven
die Höhe, die Höhen

der Apfel, die Äpfel
der Punkt, die Punkte

hoch, höher, am höchsten
entfernt voneinander
werfen, er/sie wirft

1 Kreuze alle richtigen Antworten an.

Das ist der Graph …

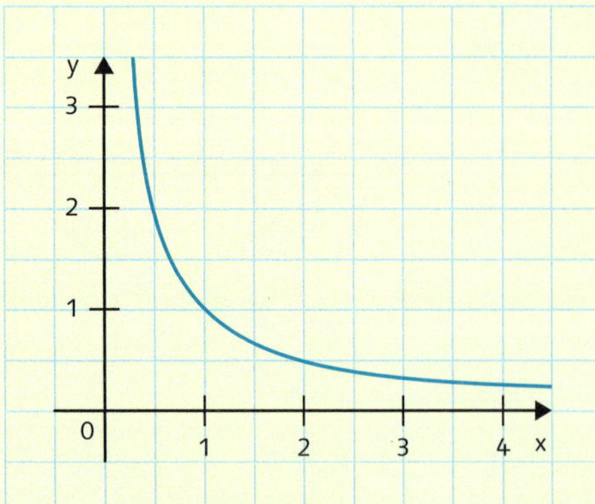

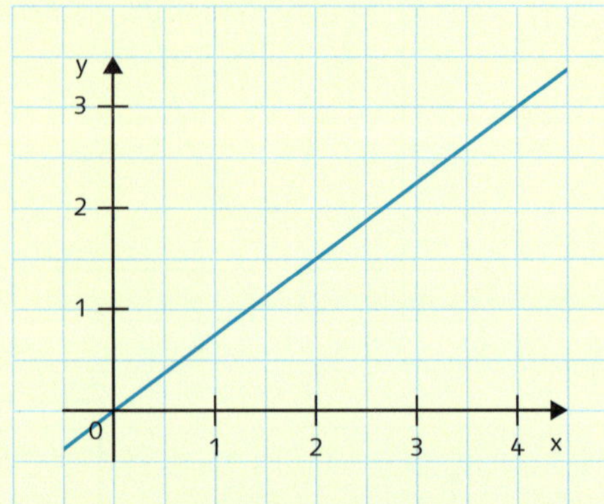

☐ einer Funktion.
☐ einer antiproportionalen Zuordnung.
☐ einer linearen Funktion.

☐ einer quadratischen Funktion.
☐ einer proportionalen Zuordnung.
☐ einer linearen Funktion.

2 Ordne richtig zu.

a) Eden kauft an einem Marktstand eine Tüte mit Kiwis. Der Preis einer Kiwi beträgt 59 Cent, die Tüte kostet 20 Cent.

b) Hassan kauft Äpfel und bekommt sie in einer Papiertüte. Der Preis für Äpfel beträgt 2,50 Euro pro Kilogramm.

c) Lena und Max besuchen Erfan. Lena geht zu Fuß mit einer Geschwindigkeit von 5km/h, Max fährt mit dem Rad mit 20km/h.

proportionale Zuordnung

antiproportionale Zuordnung

lineare Funktion

3 Kreuze alle richtigen Aussagen an.

a) $f(x) = 2(x - 2)(5 + x)$

☐ Nullstellenform
☐ Scheitelpunkt: $S(2|-5)$
☐ weiter als die Normalparabel
☐ Nullstellen: $x_1 = 2$, $x_2 = -5$

b) $f(x) = x^2 - 4$

☐ Nullstellen: $x_1 = 2$, $x_2 = -2$
☐ Normalform
☐ Öffnungsfaktor -4
☐ Scheitelpunktsform

4 Stelle die Funktionsgleichung auf.

Die Ursprungsgerade enthält den Punkt $(-2|3)$.

 das kann ich gut · das kann ich einigermaßen · das muss ich noch üben

	neue Wörter	in meiner Sprache
Gewicht ↦ Preis 	die proportionale Zuordnung, die proportionalen Zuordnungen	
	die Zuordnungsvorschrift, die Zuordnungsvorschriften	
$q = \frac{\text{Preis}}{\text{Gewicht}}$	der Proportionalitätsfaktor, die Proportionalitätsfaktoren	
	die antiproportionale Zuordnung, die antiproportionalen Zuordnungen	
↓	der Graph (der Funktion), die Graphen (der Funktionen)	
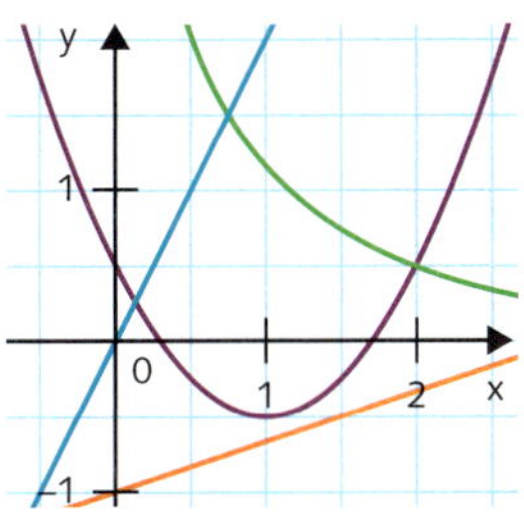	die Parabel, die Parabeln	
	die Hyperbel, die Hyperbeln	
	die Ursprungsgerade, die Ursprungsgeraden	
	die Gerade, die Geraden	
↓	die lineare Funktion, die linearen Funktionen	
$y = 3x - 2$	die Funktionsgleichung, die Funktionsgleichungen	
$y = 3x - 2$	die Steigung, die Steigungen	
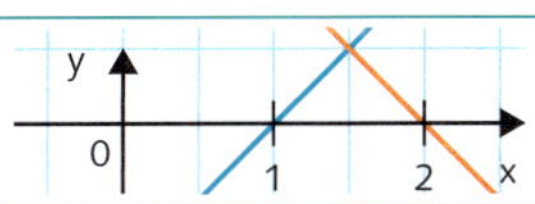	steigen, er/sie steigt fallen, er/sie fällt	
$y = 3x - 2$	der y-Achsenabschnitt, die y-Achsenabschnitte	
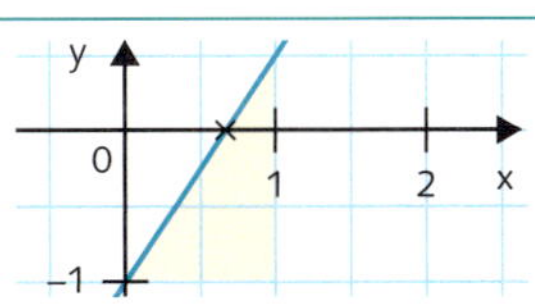	die Nullstelle, die Nullstellen	
	das Steigungsdreieck, die Steigungsdreiecke	
↓	die quadratische Funktion, die quadratischen Funktionen	
$y = ax^2 + bx + c$	die Normalform, –	
$y = a(x - x_1)^2 + \frac{1}{2}$	die Scheitelpunktsform, –	
$y = a(a - x_1)(x - x_2)$	die Nullstellenform, –	
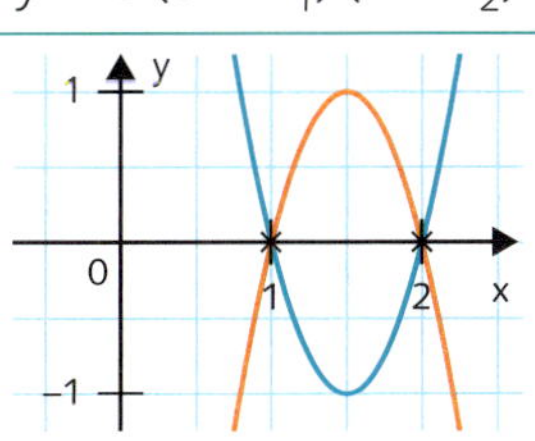	die Nullstelle, die Nullstellen	
	die Öffnung, die Öffnungen	
	nach oben geöffnet nach unten geöffnet	

5 Dreiecke untersuchen

Schau dir das Bild an.

1. Mit welcher geometrischen Figur beschäftigen sich die Schüler?
2. Was weißt du bereits über diese geometrische Figur?

der Bleistift, die Bleistifte
das Geodreieck, die Geodreiecke
das Lineal, die Lineale
der Zirkel, die Zirkel
der Winkel, die Winkel

1 So zeichnest du einen Winkel.

a) Was passiert zuerst? Was geschieht als Nächstes? Nummeriere die Sätze in der richtigen Reihenfolge.

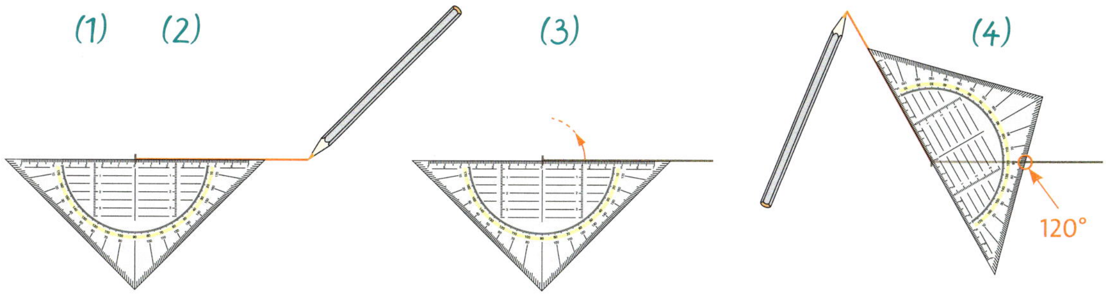

( ) Das Geodreieck wird mit dem Nullpunkt an ein Streckenende angelegt.
(1) Eine Strecke wird mit einem Geodreieck gezeichnet.
( ) Der 2. Schenkel des Winkels wird gezeichnet.
( ) Die Winkelgröße wird durch eine Drehbewegung dargestellt.

b) Zeichne einen Winkel von 80° auf gleiche Weise.

2 **Miss alle Strecken und Winkel.**
Schreibe die Größen an die richtige Stelle. Streiche die Lösungen im Kasten durch.

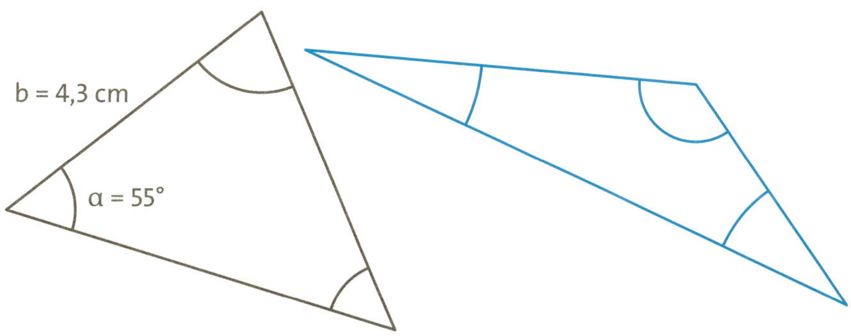

20° 4,6 cm
50° 4 cm
5,3 cm 55°
75° 130°
3,4 cm
3,7 cm 30°
8 cm

3 **Eine Planfigur ist eine Skizze einer geometrischen Figur. Gegebene Größen markiert man farbig. Die Zeichnung muss nicht maßstabsgetreu sein.**

a) Welche Abbildung stellt eine Planfigur dar? Kreuze an.

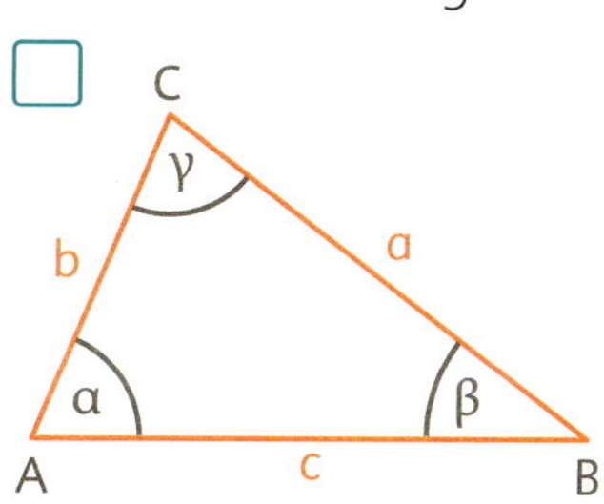

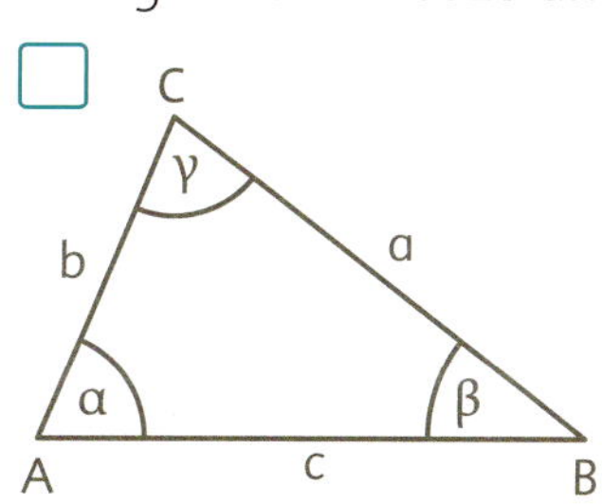

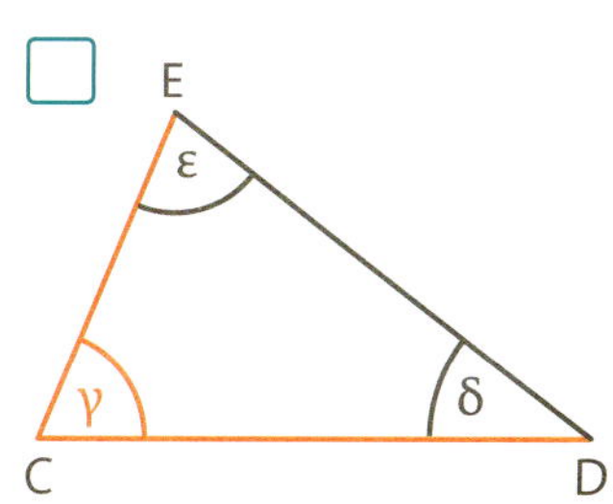

b) Schreibe unter die Planfiguren, welche Größen gegeben sind.

die Abbildung, die Abbildungen
die Konstruktion, die Konstruktionen
die Planfigur, die Planfiguren

die Skizze, die Skizzen
die Drehbewegung, die Drehbewegungen

die Strecke, die Strecken
die Maßstabstreue, – maßstabsgetreu

Dreiecke zeichnerisch konstruieren und den Satz des Pythagoras anwenden

1 **Für das Projekt „Neugestaltung des Schulhofs“ fertigen die Freunde Zeichnungen an.**

Eden kennt die drei Seitenlängen ihres Dreiecks: a = 5,4 cm; b = 3,5 cm; c = 7,8 cm. Sie hat schon eine Planfigur erstellt. Hilf ihr bei der Konstruktion. Wie gehst du vor? Nummeriere die Sätze in der richtigen Reihenfolge.

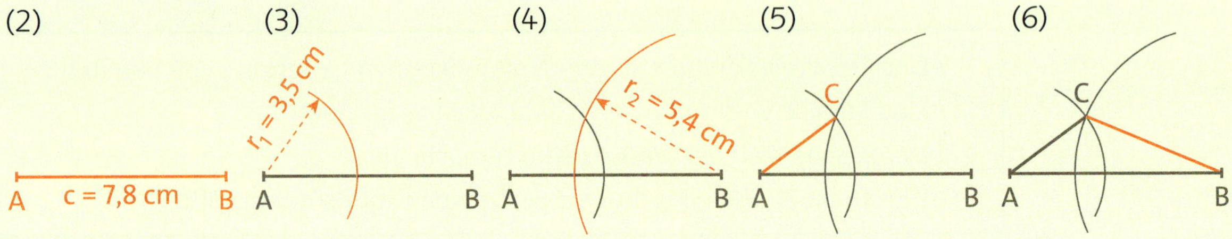

(1) Ich zeichne eine Planfigur.
( ) Ich schlage um den Punkt A einen Kreisbogen mit dem Radius r = 3,5 cm.
( ) Ich zeichne eine Strecke zwischen A und dem entstandenen Schnittpunkt.
( ) Ich zeichne die längste Strecke mit 7,8 cm.
( ) Ich schlage um den Punkt B einen Kreisbogen mit dem Radius r = 5,4 cm.
( ) Ich zeichne eine Strecke zwischen B und dem entstandenen Schnittpunkt.

2 **Im rechtwinkligen Dreieck gibt es festgelegte Begriffe.**

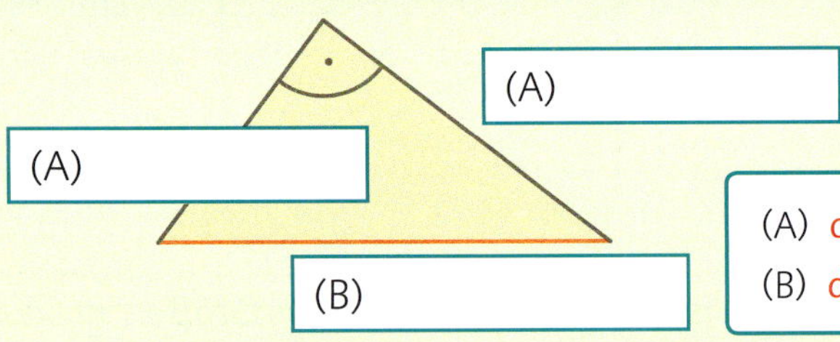

(A) die Kathete
(B) die Hypotenuse

Im rechtwinkligen Dreieck gilt:
Die längste Seite heißt **Hypotenuse (h)**.
Die beiden kürzeren Seiten heißen **Katheten (k)**.

a) Trage die Begriffe in die Schreibfelder ein.
b) Schau dir das rechtwinklige Dreieck an und ordne die Satzteile richtig zu.

In einem rechtwinkligen Dreieck liegt die Hypotenuse	am rechten Winkel an.
In einem rechtwinkligen Dreieck liegen die Katheten	dem rechten Winkel gegenüber.

c) Kreuze an.
In einem rechtwinkligen Dreieck ist die Hypotenuse
☐ die kürzeste Seite.
☐ die längste Seite.

3 **Als Hausaufgabe soll Amina die folgenden Dreiecke konstruieren:**

1. Dreieck: Seite 1 = 3,5 cm; eingeschlossener Winkel 37°; Seite 2 = 7,8 cm
2. Dreieck: Seite 1 = 3,5 cm; Seite 2 = 7,8 cm; Winkel 23°
3. Dreieck: Winkel 1 = 37°; Seite = 7,8 cm; Winkel 2 = 23°

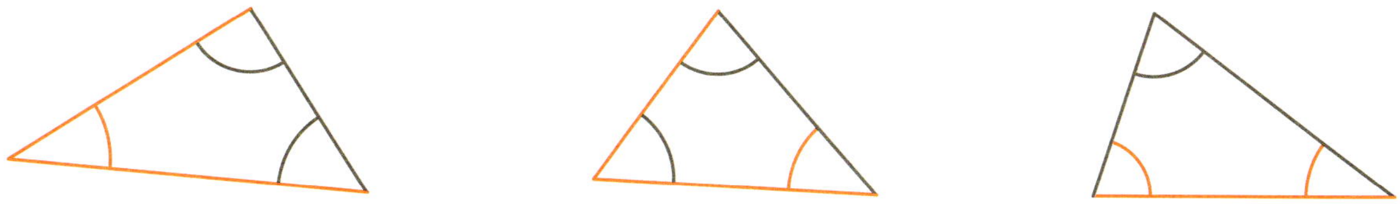

a) Amina hat schon Planfiguren angefertigt. Schreibe die Nummer des Dreiecks an die richtige Planfigur.

b) Konstruiere die Dreiecke in deinem Heft. Beschreibe dein Vorgehen. Nutze dazu Sätze wie auf Seite 58, Aufgabe 1.

4 **Fehlt hier eine Angabe?**

a) Wie kannst du das Dreieck zur gegebenen Planfigur konstruieren?

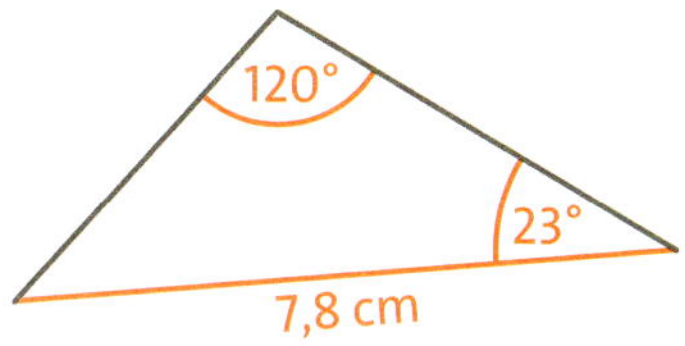

b) Konstruiere das Dreieck in deinem Heft.

5 **Vergleiche die Dreiecke in den Aufgaben 3 und 4. Nimm dazu Transparentpapier und pause deine Lösung für das Dreieck in Aufgabe 4 ab. Lege es auf die anderen Lösungen. Was stellst du fest? Kreuze an.**

Das Dreieck auf dem Transparentpapier ist kleiner. ☐

Das Dreieck auf dem Transparentpapier ist größer. ☐

Die Dreiecke sind deckungsgleich. ☐

1. Zwei Dreiecke sind deckungsgleich (kongruent) zueinander, wenn sie in den entsprechenden Maßen (Winkel und Seitenlängen) übereinstimmen.
2. Dreiecke lassen sich eindeutig konstruieren, wenn drei entsprechende Größen gegeben sind.

6 **Welche Größen sind gegeben? Schreibe die richtigen Abkürzungen unter die Planfiguren. Dabei bedeutet s Seite und w Winkel.**

sss | wsw | sws | ssw

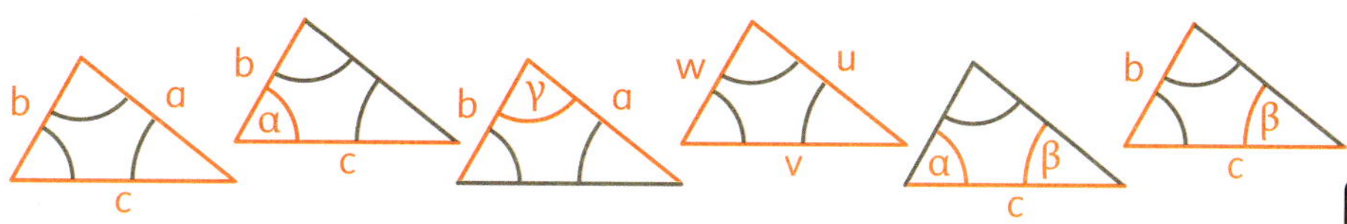

sss ______ ______ ______ ______ ______ ______

Diese Abkürzungen nennt man **Kongruenzsätze**.

der eingeschlossene Winkel, die eingeschlossenen Winkel
der Kongruenzsatz, die Kongruenzsätze
das Transparentpapier, die Transparentpapiere
das Maß, die Maße
abpausen, er/sie paust ab
anfertigen, er/sie fertigt an
vergleichen, er/sie vergleicht
kongruent
deckungsgleich

7 Nach welchem Kongruenzsatz können die Dreiecke konstruiert werden? Kreuze an.

	sss	ssw	sws	wsw
gleichseitiges Dreieck mit der Seitenlänge 5 cm				
Seite a = 3 cm, anliegender Winkel β = 73°, gegenüberliegender Winkel α = 35°				
zwei gleich lange Seiten (7 cm), zwei 40° große Winkel				

8 Das ist deine Konstruktionszeichnung. Beschreibe dein Vorgehen.
Bilde vollständige Sätze.

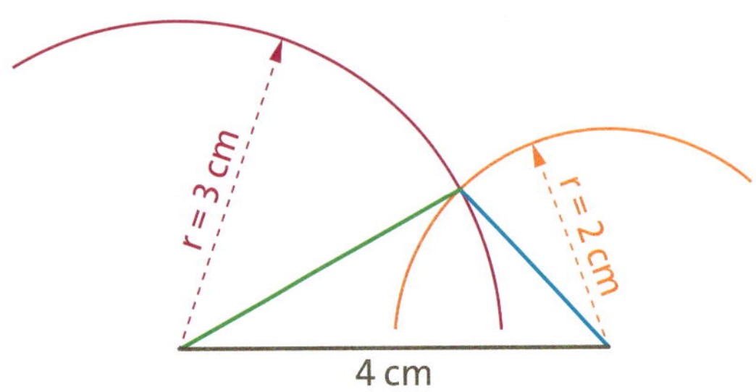

zeichnen
schlagen
der Zirkel
die Strecke
der Kreisbogen
der Punkt
der Schnittpunkt

■ ______________________________

■ ______________________________

■ ______________________________

■ ______________________________

■ ______________________________

9 Markiere die Hypotenuse und beschrifte die Katheten mit k_1 und k_2.

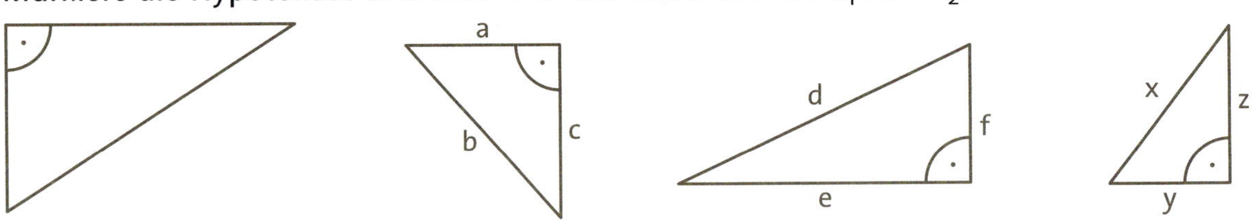

10 Zeichne ein rechtwinkliges Dreieck mit den Kathetenlängen 3 cm und 4 cm.
Wie lang ist die dem rechten Winkel gegenüberliegende Seite? Miss nach.

Die Seite ist ______ lang.

das gleichseitige Dreieck,
die gleichseitigen Dreiecke

der Basiswinkel, die Basiswinkel
einen Kreisbogen schlagen,
ich schlage einen Kreisbogen

markieren, er/sie markiert
beschriften, er/sie beschriftet
die Kathetenlänge,
die Kathetenlängen

11 **Du kannst eine Seite im rechtwinkligen Dreieck auch berechnen. Dabei hilft dir der Satz des Pythagoras. Prüfe dein Ergebnis in Aufgabe 10 rechnerisch nach.**

> Satz des Pythagoras
> $k_1^2 + k_2^2 = h^2$
> $h = \sqrt{k_1^2 + k_2^2}$
> bzw.
> $k_1 = \sqrt{h^2 - k_2^2}$

12 **Beschrifte die Seiten mit h, k_1 und k_2 und berechne die fehlende Seitenlänge.**

a)

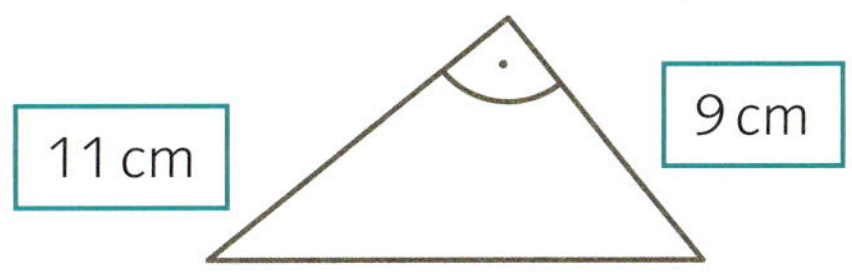

b)

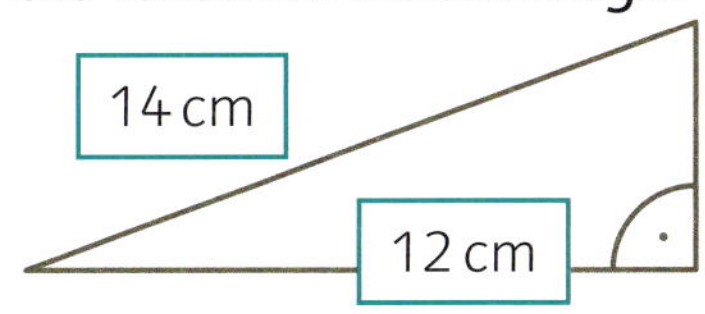

(Die Zeichnungen sind nicht maßstabsgetreu.)

13 **Handelt es sich um ein rechtwinkliges Dreieck? Prüfe nur rechnerisch.**

a) 15 cm; 20 cm; 25 cm

b) 7 cm; 11 cm; 13 cm

14 **Lena konstruiert ein rechtwinkliges Dreieck mit den Seitenlängen 17 cm, 15 cm und 8 cm.**

a) Welchen Kongruenzsatz kann sie anwenden?

b) Wie lang ist die Hypotenuse?

c) Handelt es sich um ein rechtwinkliges Dreieck? Prüfe rechnerisch nach.

das Maß, die Maße
der Satz des Pythagoras, –
die Seitenlänge, die Seitenlängen

anwenden, er/sie wendet an
fehlen, er/sie fehlt
rechnerisch

konstruieren, er/sie konstruiert
nachprüfen, er/sie prüft nach

Winkel und Strecken in Dreiecken berechnen (Trigonometrie)

Im rechtwinkligen Dreieck nennt man die Katheten Ankathete und Gegenkathete.

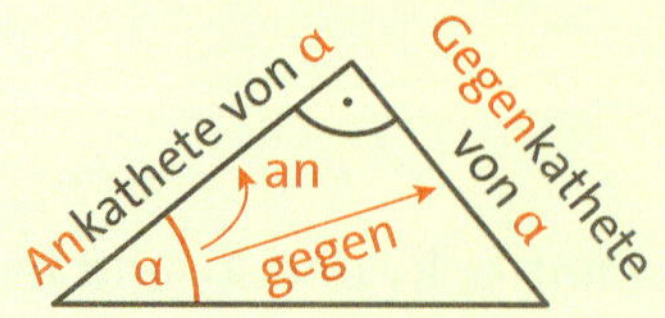

Kurzschreibweise:
Ankathete **Ak**
Gegenkathete **Gk**
Hypotenuse **Hy**

1 Trage die Begriffe in die Schreibfelder ein.

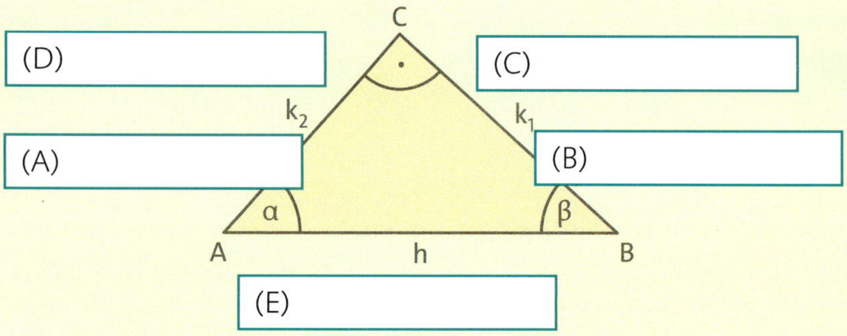

(A) die Ankathete von α
(B) die Ankathete von β
(C) die Gegenkathete von α
(D) die Gegenkathete von β
(E) die Hypotenuse

2 Es sind drei verschiedene Dreiecke gegeben:

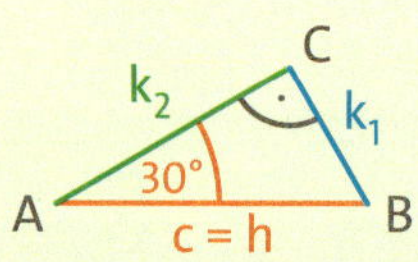

(1) α = 30°; Gk = 3 cm; Ak = 5,2 cm
(2) α = 30°; Gk = 4 cm; Ak = 6,9 cm
(3) α = 30°; Gk = 5 cm; Ak = 8,7 cm

a) Wie lang ist die Hypotenuse? Zeichne die Dreiecke in dein Heft und miss nach.
b) Überprüfe deine Messungen rechnerisch.
c) Fülle nun die Tabelle aus (runde auf 2 Nachkommastellen):

α = 30°	$\frac{Gk}{Hy}$	$\frac{Ak}{Hy}$	$\frac{Gk}{Ak}$
1	$\frac{3\,cm}{6\,cm} = 0{,}5$		
2			
3			

Die Seitenverhältnisse im rechtwinkligen Dreieck hängen nur vom Winkel α ab.
Sie heißen:
$\frac{\text{Gk von }\alpha}{\text{Hy}} = \sin\alpha$; **Sinus**
$\frac{\text{Ak von }\alpha}{\text{Hy}} = \cos\alpha$; **Kosinus**
$\frac{\text{Gk von }\alpha}{\text{Ak von }\alpha} = \tan\alpha$; **Tangens**

3 Fülle die Lücken aus.

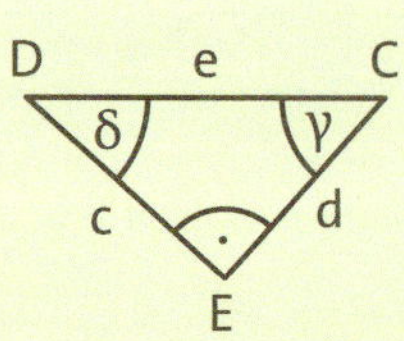

$\sin\delta = \frac{\square}{e}$

$\square\ \delta = \frac{d}{c}$

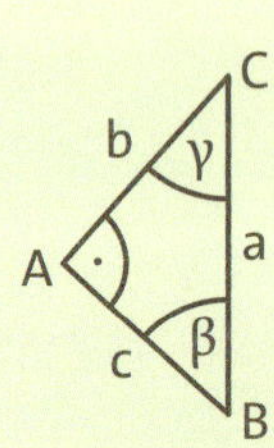

$\square\ \beta = \frac{c}{a}$

$\tan\beta = \frac{\square}{c}$

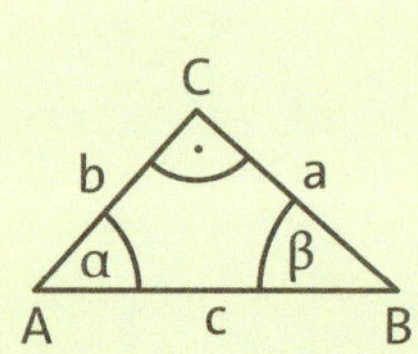

$\sin\beta = \frac{\square}{\square}$

$\sin \square = \frac{\square}{c}$

4 Kreuze an.

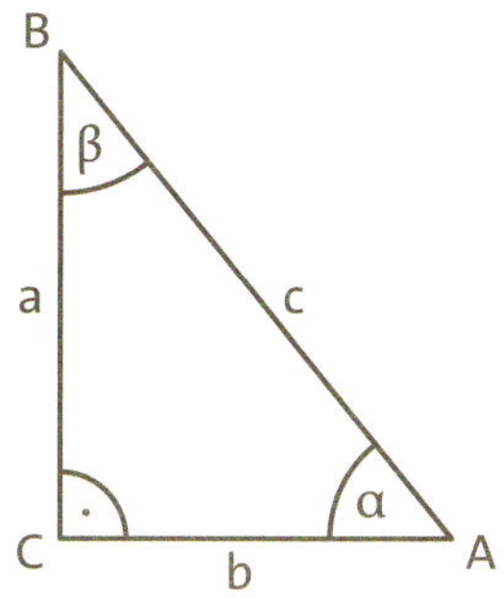

	richtig	falsch
Von α aus gesehen ist a die Ankathete.	☐	☐
c ist die Hypotenuse von α und von β.	☐	☐
a ist die Gegenkathete von α.	☐	☐
b ist die Gegenkathete von β.	☐	☐
Von α aus gesehen ist a die Gegenkathete.	☐	☐
Von α aus gesehen ist c die Ankathete.	☐	☐
Von β aus gesehen ist b die Gegenkathete.	☐	☐

5 Max und Lena suchen den kürzesten Weg über den Schulhof. Unter welchem Winkel müssen sie losgehen?

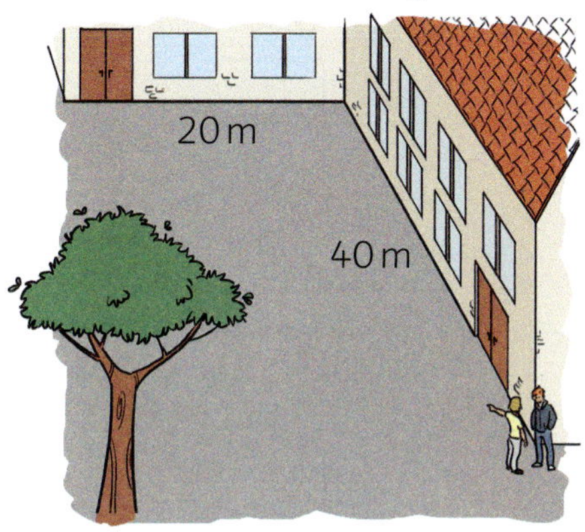

a) Fertige eine Planfigur zur Situation an. Markiere den gesuchten Winkel. Vervollständige den Satz:

Der Tangens des gesuchten Winkels ist __________

b) Konstruiere das Dreieck und miss die Winkelgröße.

c) Fülle die Tabelle mithilfe deines Taschenrechners aus. Runde auf drei Stellen.

α	26,3°	26,4°	26,5°	26,6°	26,7°	26,8°
tan α						

Markiere die Winkel, die am besten zum Dreieck passen.

6 Mit dem Taschenrechner kannst du den Winkel aus Aufgabe 5 genau bestimmen.

Seitenverhältnis: $\tan \alpha = \frac{\text{Gegenkathete}}{\text{Ankathete}} = \frac{20\,\text{m}}{40\,\text{m}} = 0{,}5$

Winkel: $\alpha = \tan^{-1}(0{,}5)$; Taste auf dem Taschenrechner: $\boxed{\tan^{-1}}$

Bestimme den Winkel, unter dem Lena und Max losgehen müssen. Runde sinnvoll. Vervollständige den Antwortsatz.

Max und Lena müssen unter einem Winkel von __________ *starten, wenn sie den* __________ *Weg gehen wollen.*

7 Sieh dir das Dreieck an und ordne richtig zu.

δ	ε
$\sin^{-1}\frac{d}{f}$	

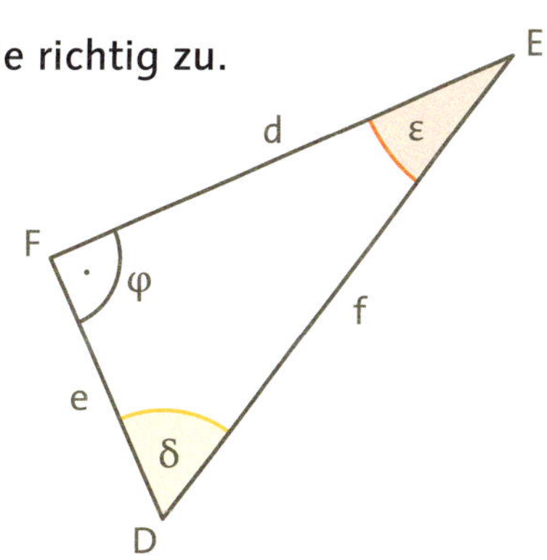

~~$\sin^{-1}\frac{d}{f}$~~ $\tan^{-1}\frac{d}{e}$

$\cos^{-1}\frac{d}{f}$ $\tan^{-1}\frac{e}{d}$

$\sin^{-1}\frac{e}{f}$ $\cos^{-1}\frac{e}{f}$

aufrunden, er/sie rundet auf
die Nachkommastelle, die Nachkommastellen

bestimmen, er/sie bestimmt
eintragen, er/sie trägt ein

kurz, kürzer, kürzeste
lang, länger, längste

8 **Mit Sinus, Kosinus und Tangens kannst du Größen im rechtwinkligen Dreieck berechnen.**

a) Welche Aufgabe gehört zur Planfigur? Trage die gegebenen Maße in die Planfigur ein und bezeichne die gesuchten Größen.

1 Unter welchem Winkel steigt die Straße? 	Aufgabe ( ) 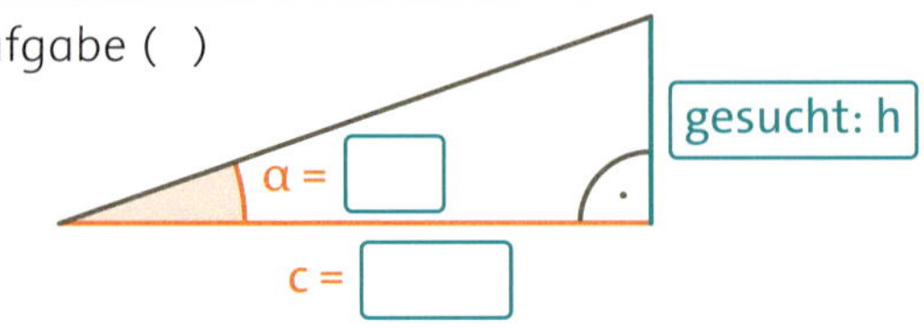
2 Amina steht 135 m von der Berliner Gedächtniskirche entfernt. Sie sieht den Turm unter einem Winkel von 40°. Wie hoch ist der Turm?	Aufgabe ( ) 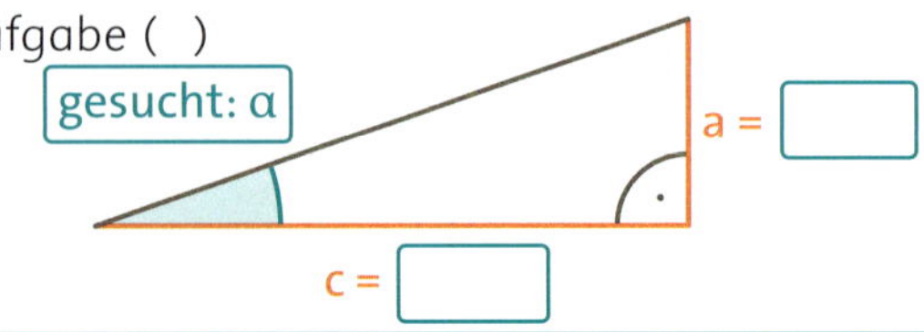
3 Die Leiter ist 2 m lang. Sie schließt mit der Wand einen Winkel von 15° ein. Wie weit steht die Leiter von der Wand entfernt?	Aufgabe ( ) 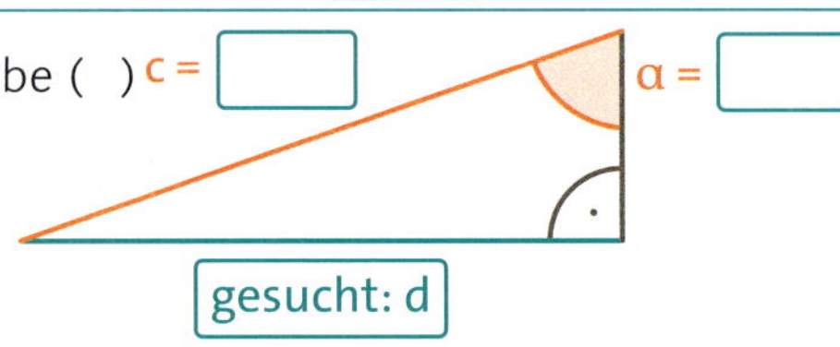

b) Löse nun die Aufgaben.

1
Die Straße steigt unter einem Winkel von ___

2
Der Turm ist etwa ___ hoch.

3
Die Leiter steht ___ von der Wand entfernt.

9 **Auch in nicht rechtwinkligen Dreiecken kannst du Größen mit Sinus, Kosinus und Tangens berechnen. Fülle die Lücken aus.**

$\sin\alpha = \frac{\_\_}{\_\_} \Leftrightarrow h_c = b \cdot \_\_$

$\sin \_\_ = \frac{h_c}{a} \Leftrightarrow h_c = \_\_ \cdot \sin\beta$

$b \cdot \_\_ = \_\_ = \_\_ \cdot \sin\beta$

$\frac{a}{b} = \_\_$ und $\frac{\_\_}{\sin\alpha} = \frac{b}{\_\_}$

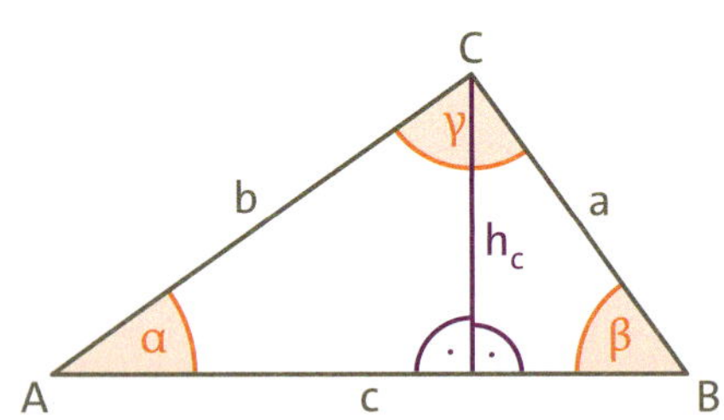

Sinussatz

In jedem Dreieck gilt:

$\frac{a}{\sin\alpha} = \frac{b}{\sin\beta} = \frac{c}{\sin\gamma}$

bzw.

$\frac{a}{b} = \frac{\sin\alpha}{\sin\beta}$; $\frac{a}{c} = \frac{\sin\alpha}{\sin\gamma}$; $\frac{b}{c} = \frac{\sin\beta}{\sin\gamma}$

das rechtwinklige Dreieck, –

einen Winkel (mit etw.) einschließen, er/sie schließt einen Winkel (mit etw.) ein

der Sinussatz, –

gelten, es gilt

10 Die Größen $a = 5{,}4\,cm$; $\alpha = 37°$; $\beta = 23°$ sind gegeben. Wie lang ist die Seite b?

Die Seite b ist ______________

11 Wie kannst du die Länge der Seite a berechnen, wenn b und c und der Winkel α gegeben sind?

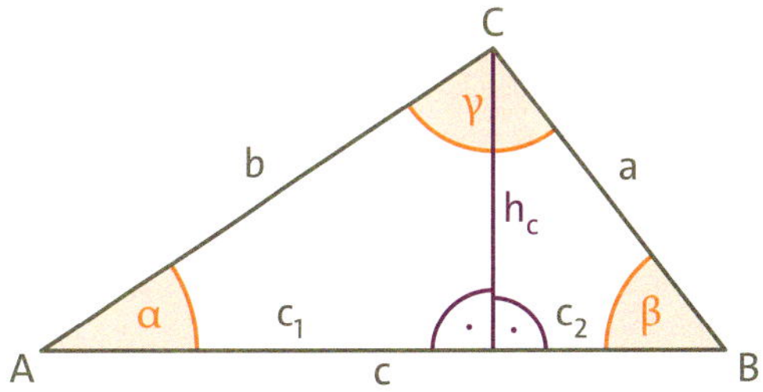

a) Fülle die Lücken aus und setze ein.

$a^2 = h_c^2 + c_2^2$ (Satz des Pythagoras)

$b^2 =$ ______ $\Leftrightarrow h_c^2 =$ ______

$a^2 =$ ______ $+ c_2^2$

$c_2 = c -$ ___ $\Leftrightarrow c_2^2 =$ ______

$a^2 =$ ______ $+$ ______

$\cos\alpha =$ ___ $\Leftrightarrow c_1 =$ ______

$a^2 =$ ______________

Kosinussatz
In jedem beliebigen Dreieck gilt:
$a^2 = b^2 + c^2 - 2bc\cos\alpha$
$b^2 = c^2 + a^2 - 2ca\cos\beta$
$c^2 = a^2 + b^2 - 2ab\cos\gamma$

b) Amina sieht Hassan und Erfan in einem Winkel von 36°. Hassan steht 3,5 m von Amina entfernt, Erfan steht 7,8 m von Amina entfernt.
Fertige zuerst eine Skizze an. Berechne die Entfernung zwischen Hassan und Erfan.

Hassan steht ungefähr ________ *von Erfan entfernt.*

12 Welche Planfigur gehört zu welcher Formel? Verbinde!

$\frac{a}{b} = \frac{\sin\alpha}{\sin\beta}$

$\frac{c}{a} = \frac{\sin\gamma}{\sin\alpha}$

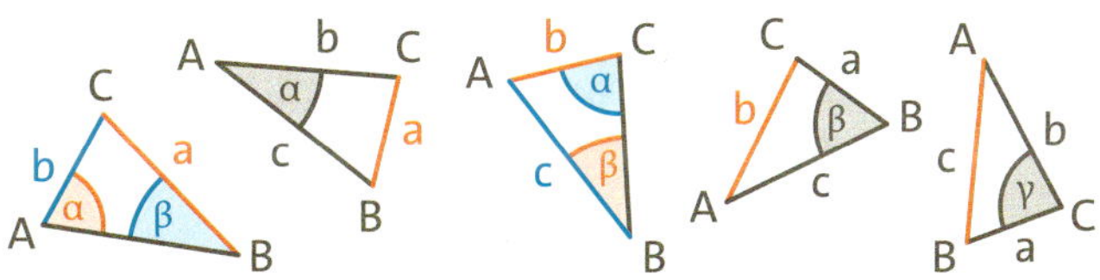

$c^2 = a^2 + b^2 - 2ab \cdot \cos\gamma$

$\frac{b}{c} = \frac{\sin\beta}{\sin\gamma}$

$b^2 = c^2 + a^2 - 2ca \cdot \cos\beta$

$a^2 = b^2 + c^2 - 2bc \cdot \cos\alpha$

die Formel, die Formeln	das beliebige Dreieck	einsetzen, ich setze ein
der Kosinussatz, –	die Entfernung, die Entfernungen	verbinden, ich verbinde

1 **Bilde korrekte Aussagen.**

<table>
<tr><td rowspan="3">Dreiecke lassen sich konstruieren, wenn</td><td rowspan="1">mindestens</td><td>zwei</td><td rowspan="3">Größen bekannt sind.</td></tr>
<tr><td rowspan="2">höchstens</td><td>drei</td></tr>
<tr><td>vier</td></tr>
</table>

<table>
<tr><td rowspan="2">Der Satz des Pythagoras gilt</td><td>in jedem</td><td>Dreieck.</td></tr>
<tr><td>nur im rechtwinkligen</td><td>Viereck.</td></tr>
</table>

<table>
<tr><td rowspan="3">Im rechtwinkligen Dreieck liegt die</td><td>Ankathete</td><td>dem rechten Winkel gegenüber.</td></tr>
<tr><td>Gegenkathete</td><td rowspan="2">am rechten Winkel an.</td></tr>
<tr><td>Hypotenuse</td></tr>
</table>

2 **Gegeben sind folgende Dreiecke:**

1	2	3	4
$a = 3{,}5\,cm$ $b = 3\,cm$ $c = 4{,}5\,cm$	$b = 5\,cm$ $c = 6\,cm$ $\beta = 35°$	$b = 2{,}5\,cm$ $c = 4{,}7\,cm$ $\alpha = 50°$	$c = 5{,}5\,cm$ $\alpha = 30°$ $\beta = 40°$

Nach welchem Kongruenzsatz können die Dreiecke konstruiert werden?
Trage den Kongruenzsatz ein. Konstruiere dann die Dreiecke in deinem Heft.

1	2	3	4

3 **Berechne die fehlende Seitenlänge im rechtwinkligen Dreieck. Die Maße findest du in der Skizze.**

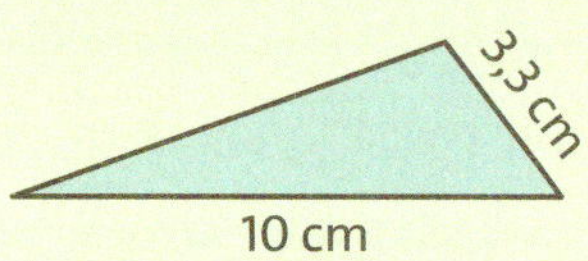

4 **Sind die Dreiecke rechtwinklig? Überprüfe. Welchen Pfosten muss man versetzen, wenn man einen rechtwinkligen Schuppen bauen will?**

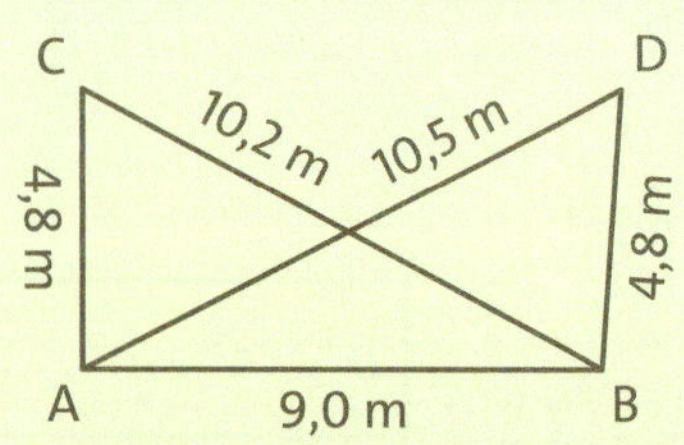

5 **Vervollständige zuerst die Skizze. Berechne die fehlenden Größen, wenn $\alpha = 32°$ und $a = 3\,cm$ ist. Verwende nur sin, cos, tan.**

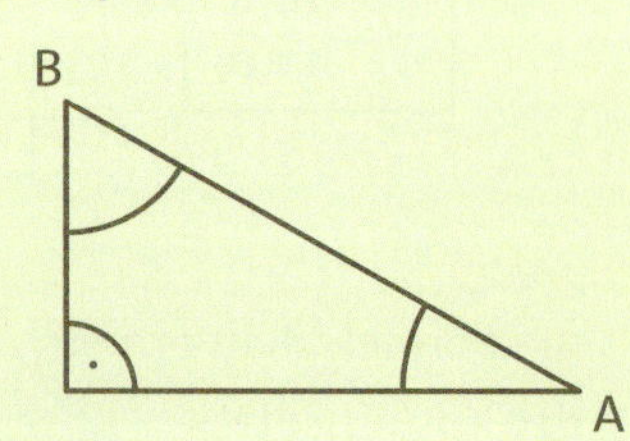

 ☺ das kann ich gut ☺ das kann ich einigermaßen ☹ das muss ich noch üben

	neue Wörter	in meiner Sprache
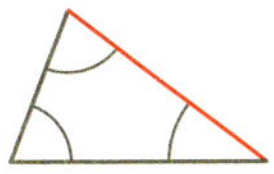	die Seite, die Seiten	
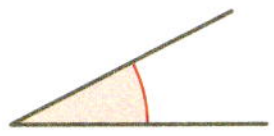	der Winkel, die Winkel	
	der Kongruenzsatz, die Kongruenzsätze	
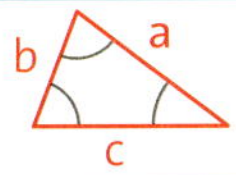	sss (Seite-Seite-Seite)	
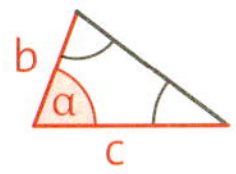	sws (Seite-Winkel-Seite)	
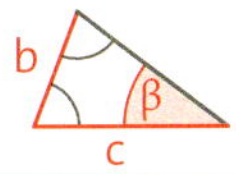	ssw (Seite-Seite-Winkel)	
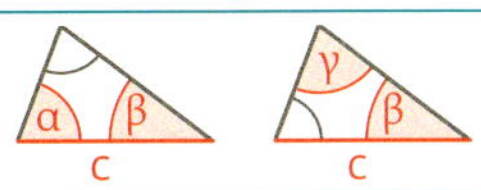	wsw/sww (Seite-Winkel-Winkel)	
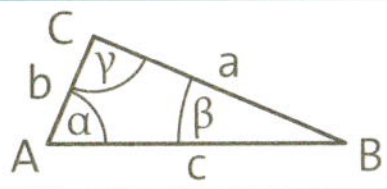	das Dreieck, die Dreiecke	
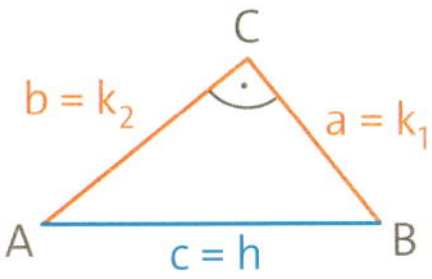	die Kathete, die Katheten	
	die Hypotenuse (Hy), die Hypotenusen	
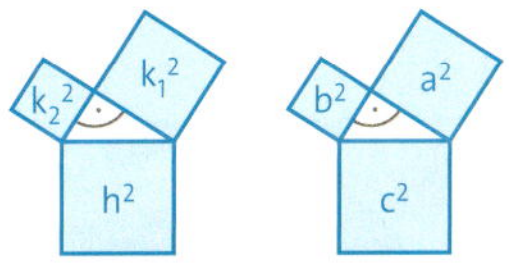 $k_1^2 + k_2^2 = h^2$ $a^2 + b^2 = c^2$	der Satz des Pythagoras	
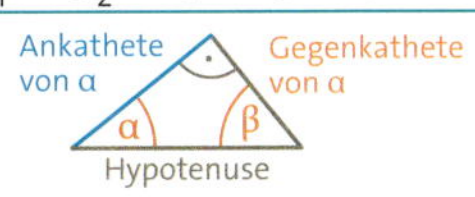	die Ankathete (von α) Ak die Gegenkathete (von α) Gk	
$\sin\alpha = \frac{Gk}{Hy}$	der Sinus eines Winkels	
$\cos\alpha = \frac{Ak}{Hy}$	der Kosinus eines Winkels	
$\tan\alpha = \frac{Gk}{Ak}$	der Tangens eines Winkels	
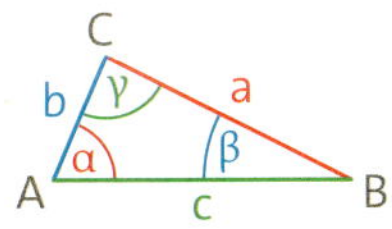 $\frac{a}{b} = \frac{\sin\alpha}{\sin\beta}; \frac{b}{c} = \frac{\sin\beta}{\sin\gamma}; \frac{c}{a} = \frac{\sin\gamma}{\sin\alpha}$	der Sinussatz, –	
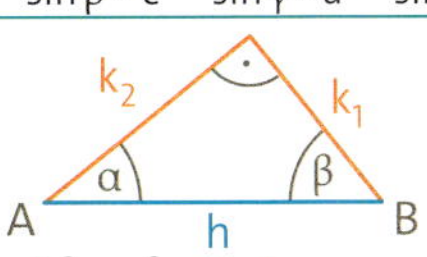 $a^2 = b^2 + c^2 - 2 \cdot b \cdot c \cdot \cos\alpha$ $b^2 = a^2 + c^2 - 2 \cdot a \cdot c \cdot \cos\beta$ $c^2 = a^2 + b^2 - 2 \cdot a \cdot b \cdot \cos\gamma$	der Kosinussatz, –	

6 Geometrische Körper untersuchen

1. **Schreibe jeweils den richtigen Namen des Körpers in die Kästchen. Wähle aus der Wörterliste.**

(A) die Kugel	(E) der Kegel
(B) das Dreiecksprisma	(F) der Würfel
(C) die Pyramide	(G) der Quader
(D) der Zylinder	(H) das Fünfeckprisma

die Kugel, die Kugeln
die Pyramide, die Pyramiden
das Prisma, die Prismen

das Dreiecksprisma, die Dreiecksprismen
das Fünfeckprisma, die Fünfeckprismen

der Zylinder, die Zylinder
der Kegel, die Kegel
der Würfel, die Würfel
der Quader, die Quader

Jeder Quader hat sechs Flächen,
zwölf Kanten
und acht Ecken.

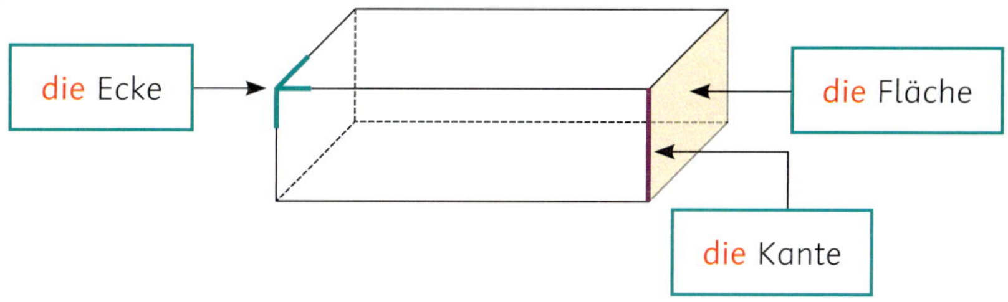

1 **Ordne die Namen und Eigenschaften den richtigen Körpern zu.**

1 Kreisfläche | der Kegel | keine Ecke | 5 Ecken | der Quader | 5 Flächen | die Pyramide

keine Ecke | 6 Ecken | das Dreiecksprisma | 5 Flächen | 9 Kanten | der Zylinder | 2 Kanten | 6 Flächen | 8 Ecken

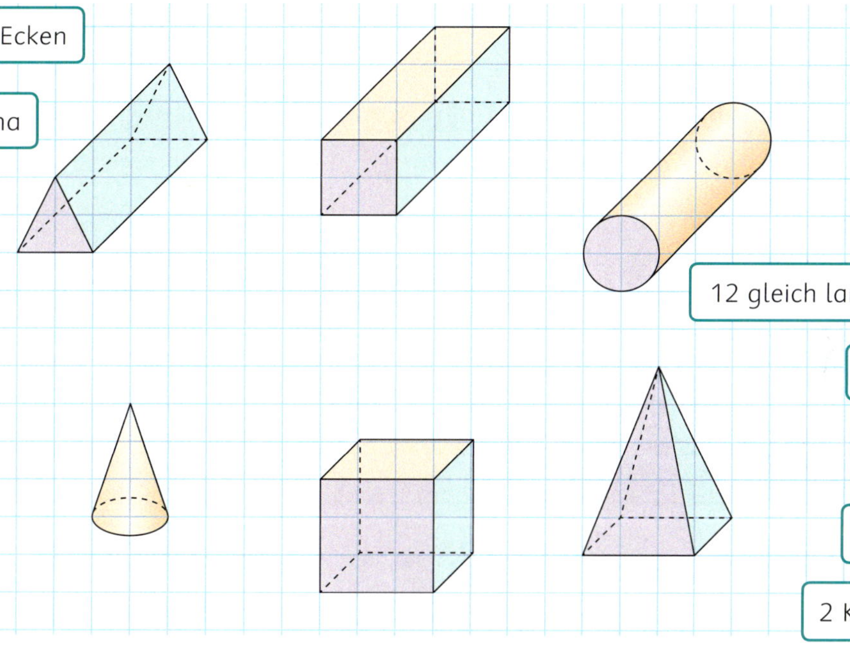

1 Kante | 8 Ecken | 8 Kanten | 12 gleich lange Kanten | 12 Kanten | 6 Flächen | der Würfel | 2 Kreisflächen

2 **Schreibe Sätze wie im Beispiel.**

Der Würfel hat 8 Ecken, 12 Kanten und 6 Flächen.

Die Pyramide

die Formel, die Formeln
die Eigenschaft, die Eigenschaften
die Kante, die Kanten

die Ecke, die Ecken
die Fläche, die Flächen

das Schrägbild, die Schrägbilder

Prismen und Zylinder untersuchen

Die Prismen

Prismen haben zwei kongruente Grundflächen G (Boden und Deckel).
Die Seitenflächen sind Rechtecke. Die Summe der Seitenflächen ist der Mantel M.

Formeln für alle Prismen:

Volumen $V = G \cdot h$

Oberfläche: $O = 2G + u \cdot h$

(u: Umfang der Grundfläche)

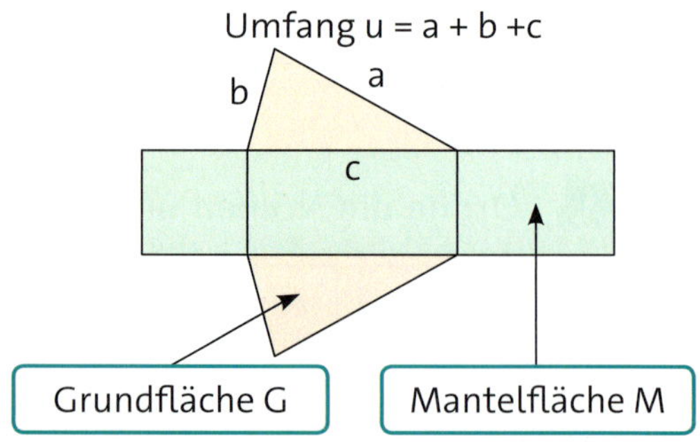

1 Ordne den Netzen die richtigen Namen und die richtigen Körper zu.

Trage ein: M für Mantel und G für Grundfläche und Deckel.

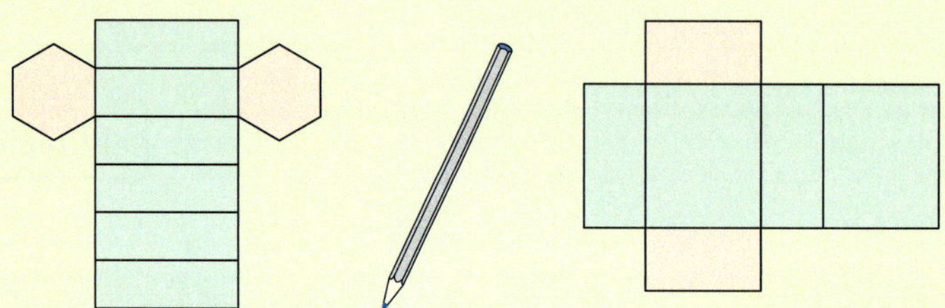

(A) der Quader
(B) das Dreiecksprisma
(C) das Sechseckprisma
(D) das Trapezprisma

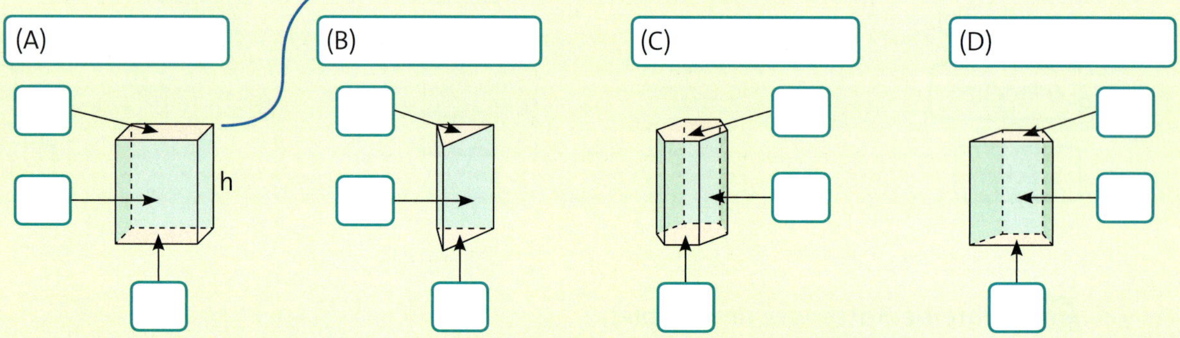

2 Berechne die Oberfläche des Trapezprismas.

Ordne den Lösungsschritten die richtige Formel und die richtige Rechnung zu.

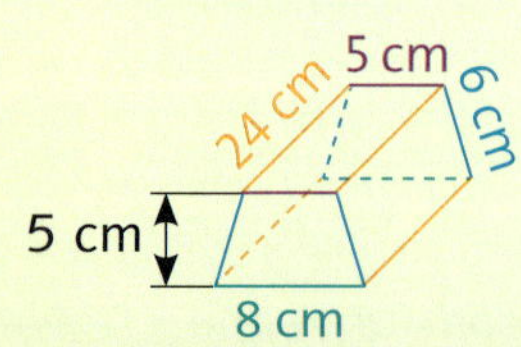

Ich berechne die Grundfläche.	$O = M + 2 \cdot G$	$600 + 2 \cdot 32{,}5 = 665$
Ich berechne die Mantelfläche.	$G = \left(\frac{a + c}{2}\right) \cdot h_T$	$(5 + 8 + 2 \cdot 6) \cdot 24 = 600$
Ich berechne die Oberfläche.	$M = (a + b + c + d) \cdot h$	$(5 + 8) : 2 \cdot 5 = 32{,}5$

Der Oberflächeninhalt beträgt ______________________

Der Zylinder

Zylinder haben zwei gleich große Kreisflächen als Grund- und Deckfläche. Zylinder haben ein Rechteck als Mantel. Die Seitenlängen des Mantels sind der Kreisumfang u und die Höhe des Zylinders h.

Formeln für alle Zylinder
Oberfläche: $O = 2 \cdot G + M$
Grundfläche: $G = \pi r^2$
Mantelfläche: $M = 2\pi \cdot r \cdot h$

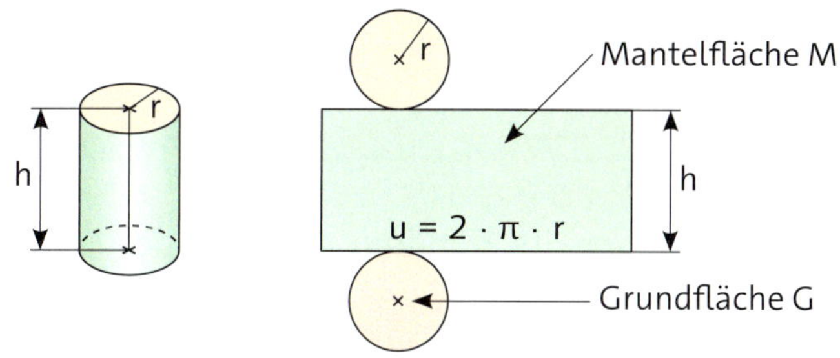

3 **Sieh dir das Schrägbild und das Netz des Zylinders genau an und kreuze die richtigen Eigenschaften an.**

- ☐ Zylinder haben ein Quadrat als Grundfläche.
- ☐ Zylinder haben Kreisflächen als Grund- und Deckfläche.
- ☐ Die Grundfläche ist immer größer als die Deckfläche.
- ☐ Grund- und Deckfläche sind gleich groß.
- ☐ Der Mantel ist ein Rechteck.
- ☐ Die Höhe eines Zylinders ist so groß wie der Radius der Grundfläche.
- ☐ Die eine Seite des Mantels entspricht dem Umfang der Grundfläche.

4 **Berechne die gesuchten Größen des Zylinders.**

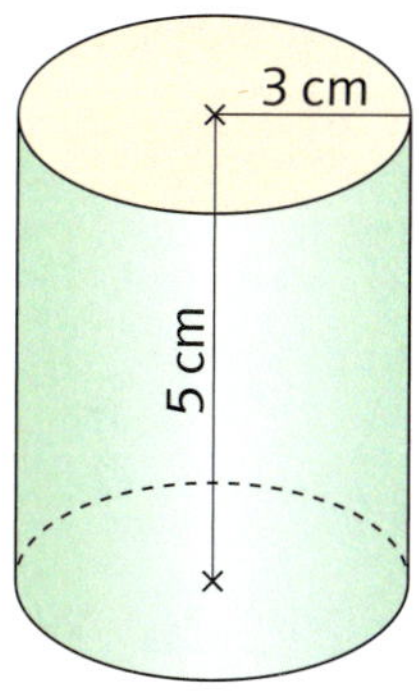

a) Berechne den Oberflächeninhalt.

1. Ich schreibe die Formel auf: O =
2. Ich berechne die Grundfläche und die Mantelfläche.
Dazu schreibe ich die Formeln auf. Dann setze ich die Zahlen ein.
Zum Schluss berechne ich die Lösung.
G =
M =
3. Ich berechne die Lösung:

b) Berechne das Volumen in drei Schritten.

1. Ich schreibe die Formel auf: V =
2. Ich setze die Zahlen ein:
3. Ich berechne die Lösung:

der Kreisumfang, die Kreisumfänge
der Mantel, die Mäntel
die Mantelfläche, die Mantelflächen
die Kreisfläche, die Kreisflächen
die Grundfläche, die Grundflächen
die Deckfläche, die Deckflächen
das Netz, die Netze

5 Beschreibe den Unterschied zwischen einem Quader und einem Zylinder. Bilde Sätze mithilfe der Satzschalttafel. Schreibe vier Sätze in dein Heft.

<table>
<tr><td rowspan="3">Die Grundfläche</td><td rowspan="3">eines Quaders</td><td rowspan="2">besteht aus vier Rechtecken.</td></tr>
<tr></tr>
<tr><td rowspan="2">ist ein Rechteck.</td></tr>
<tr><td rowspan="3">Der Mantel</td><td rowspan="3">eines Zylinders</td></tr>
<tr><td rowspan="2">ist ein Kreis.</td></tr>
<tr></tr>
</table>

6 Zeichne als Planfigur das Netz des Prismas. Berechne den Oberflächeninhalt.

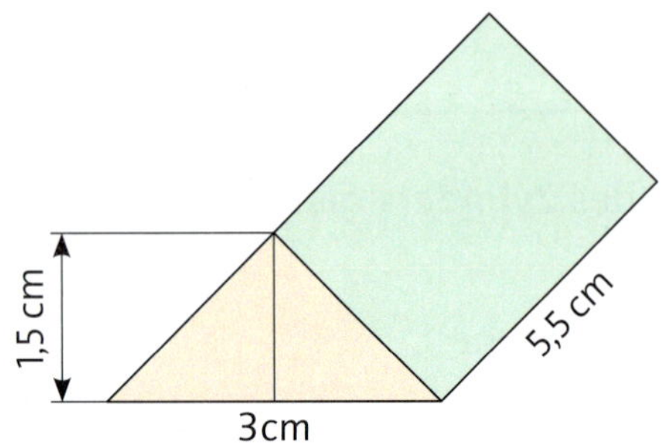

TIPP: Miss alle Seitenlängen des Dreiecks, um den Oberflächeninhalt des Prismas zu berechnen.

Planfigur

Oberflächeninhalt Formel:
Ich setze die Zahlen ein:
Grundfläche:

Mantel:

Ich berechne die Oberfläche:

7 Welche Grundfläche gehört zum Zylinder mit dem Mantel M_1? Vervollständige den Antwortsatz.

Die Grundfläche mit dem Radius ______
______ gehört zu dem Zylinder.

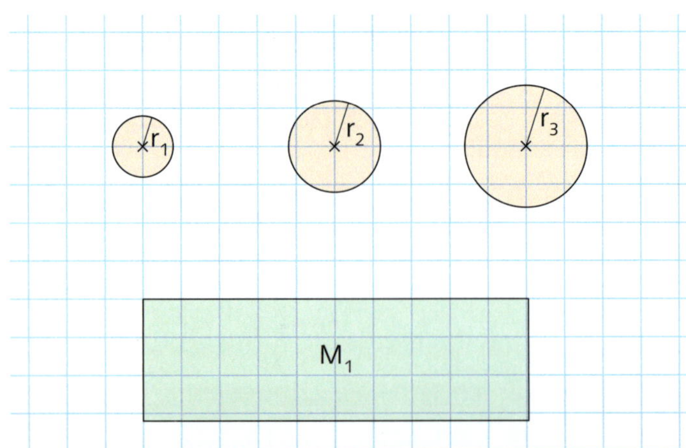

der Unterschied, die Unterschiede
der Kreis, die Kreise

das Rechteck, die Rechtecke
das Netz, die Netze
die Planfigur, die Planfiguren

messen, ich messe
gehören, er/sie gehört

8 **Welches Volumen gehört zu welchem Körper?**

a) Verbinde die Kärtchen mit dem richtigen Volumen.

Würfel mit Kantenlänge a = 2 cm

$V = 12\ cm^3$

Sechseckprisma mit $G = 6\,cm^2$; $h = 2\,cm$

$V = 8\ cm^3$

Dreiecksprisma mit $h = 2{,}5\,cm$; $G = 4\,cm^2$

Quader mit $a = 3\,cm$; $b = 2\,cm$; $h = 1\,cm$

$V = 6\ cm^3$

Quader mit $a = 1\,cm$; $b = 1\,cm$; $h = 8\,cm$

$V = 10\ cm^3$

b) Zwei Körper haben das gleiche Volumen. Zeichne ihre Schrägbilder in dein Heft.

9 **Limodosen mit einem Inhalt von 0,33 l und 0,5 l haben dieselbe Grundfläche (d = 6,3 cm). Die 0,33-l-Dose ist 11,5 cm hoch.**

a) Berechne das Volumen der kleinen Dose.

V =

b) Passen in die kleine Dose 0,33 l Limonade?
(1 l = 1000 ml = $1000\ cm^3$)

Ja,	denn das Volumen der Dose ist	größer	als $330\ cm^3$.
Nein,		kleiner	

c) Wie hoch ist die große Dose? Kreuze zuerst die richtige Formel an und rechne dann. Achte darauf, die richtigen Werte einzusetzen.

☐ $h = \frac{V}{\pi \cdot d^2}$ ☐ $h = \frac{4V}{\pi \cdot d^2}$ ☐ $h = \frac{2V}{\pi \cdot d^2}$ ☐ $h = \frac{\pi \cdot d^2}{V}$

h =

d) Berechne die Mantelflächen der großen und der kleinen Dose.

$M_1 = u \cdot h_1 =$

$M_2 =$

die Skizze, die Skizzen
die Kästchendiagonale, die Kästchendiagonalen

der Körper, die Körper
das Schrägbild, die Schrägbilder

entnehmen, ich entnehme
groß, größer am größten
klein, kleiner, am kleinsten

Pyramiden und Kegel untersuchen

Pyramiden und Kegel sind spitze Körper.

1 Trage die Begriffe an der richtigen Stelle ein.

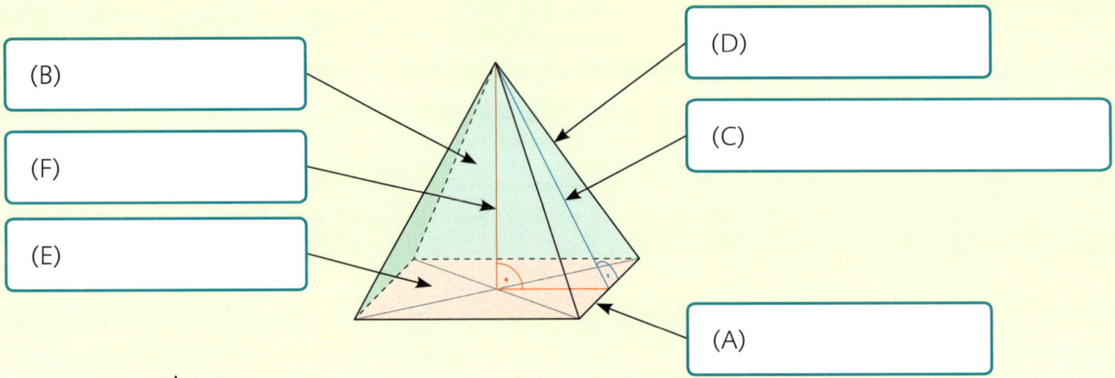

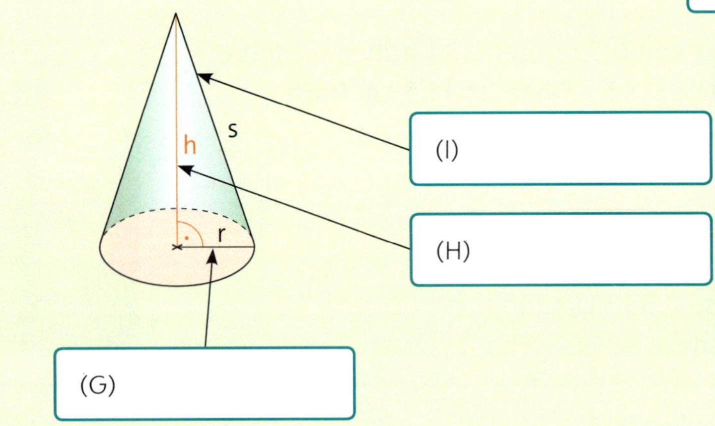

(A) die Grundseite a
(B) die Mantelfläche M
(C) die Höhe des Seitendreiecks h_a
(D) die Seitenlinie s
(E) die Grundfläche G
(F) die Höhe h
(G) der Radius r
(H) die Höhe h
(I) die Mantellinie s

Quadratische Pyramide

Grundfläche: $G = a^2$

Mantel:
$M = 4 \cdot \frac{a \cdot h_a}{2} = 2 \cdot a \cdot h_a$

Oberfläche:
$O = G + M = a^2 + 2 \cdot a \cdot h_a$

Volumen:
$V = \frac{1}{3} G \cdot h = \frac{1}{3} a^2 \cdot h$

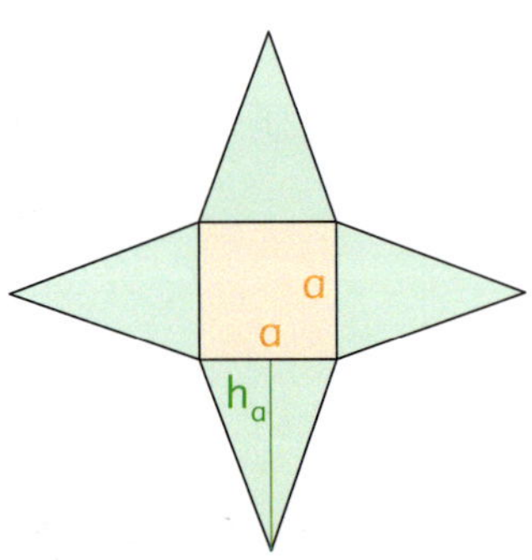

Rechteck-Pyramide

Grundfläche: $G = a \cdot b$

Mantel: $M = 2 \cdot \frac{a \cdot h_a}{2} + 2 \cdot \frac{b \cdot h_b}{2}$

Oberfläche:
$O = G + M = a \cdot b + 2 \cdot \frac{a \cdot h_a}{2} + 2 \cdot \frac{b \cdot h_b}{2}$

Volumen:
$V = \frac{1}{3} G \cdot h = \frac{1}{3} a \cdot b \cdot h$

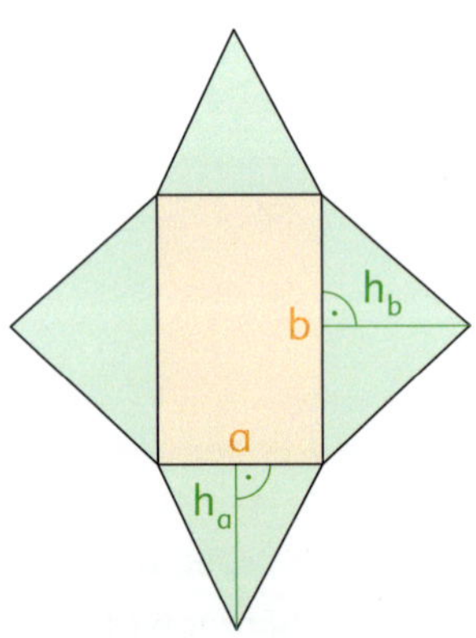

Kegel

Grundfläche $G = \pi \cdot r^2$

Mantel: $M = \pi \cdot r \cdot s$

Oberfläche:
$O = G + M = \pi \cdot r^2 + \pi \cdot r \cdot s$

Volumen:
$V = \frac{1}{3} G \cdot h = \frac{1}{3} \pi \cdot r^2 \cdot h$

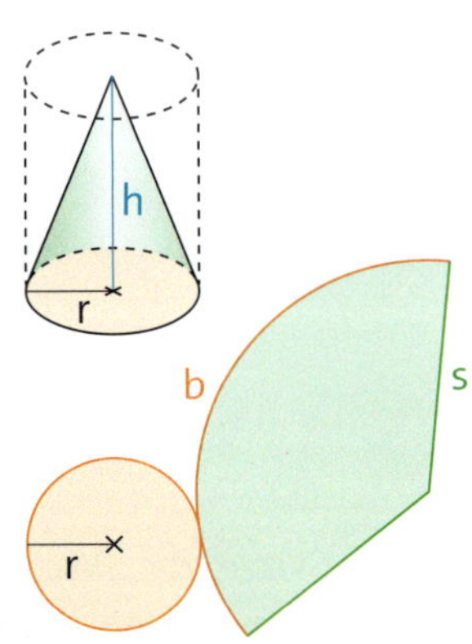

2 **Schreibe sechs Sätze in dein Heft.**

Eine quadratische Pyramide	hat	ein Quadrat	als Grundfläche.
		vier Dreiecke	
Eine Rechteck-Pyramide		einen Kreisausschnitt	
Ein Kegel		ein Rechteck	als Mantelfläche.
		einen Kreis	

3 **Ordne die Zahlen richtig zu.**

r = ______ cm

s = ____________

h = ____________

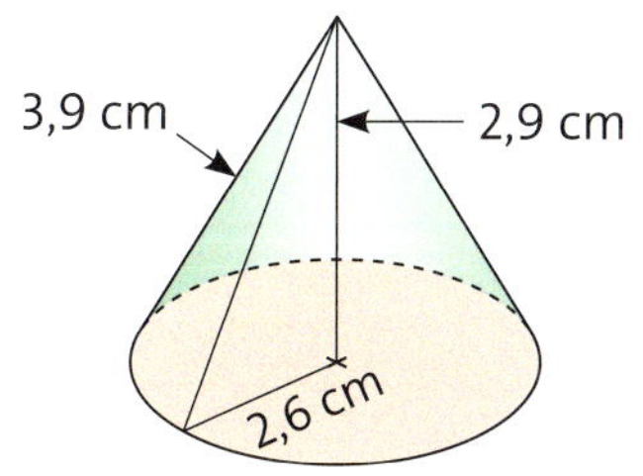

4 **Hassan hat beim Berechnen des Volumens falsche Zahlen eingesetzt. Finde die Fehler und korrigiere. Berechne dann das Volumen des Kegels.**

Formel: $V = \frac{1}{3} G \cdot h = \frac{\pi \cdot r^2 \cdot h}{3}$

Zahlen einsetzen: $V = \frac{\pi \cdot 6{,}1^2 \cdot 2{,}9}{3}$

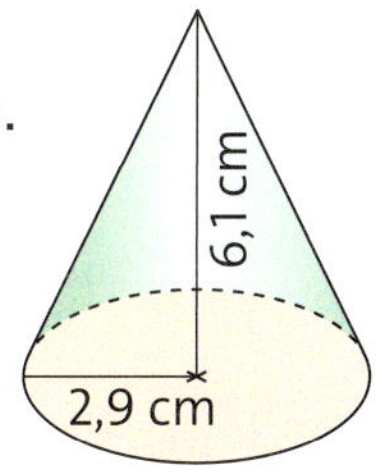

5 **Max berechnet die Oberfläche der quadratischen Pyramide. Bringe seine Rechnung in die richtige Reihenfolge und setze die fehlenden Zahlen ein.**

- ☐ Lösung berechnen: M = ________ cm^2
- 1 *Grundfläche* Formel: $G = a^2$
- ☐ Zahlen einsetzen: $G = 4{,}8^2$
- ☐ ____________ Formel: $M = 2 \cdot a \cdot h_a$
- ☐ Zahlen einsetzen: O = ______ + ______
- ☐ Lösung berechnen: G = ________ cm^2
- ☐ ____________ Formel: O = G + M
- ☐ Zahlen einsetzen: M = 2 · ______ · ______
- ☐ Lösung berechnen: O = 82,56 cm^2

TIPP: Zeichne eine Planfigur. Planfiguren zeigen alle gegebenen Seiten. Die gesuchten Seiten werden rot gezeichnet.

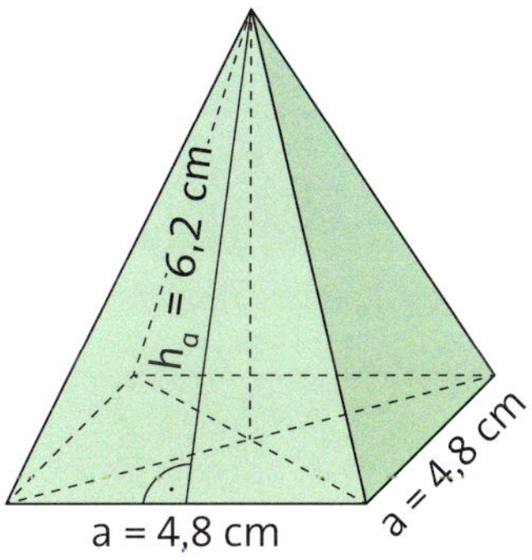

die Pyramide, die Pyramiden
die Planfigur, die Planfiguren

der Kegel, die Kegel
der Kreisausschnitt, die Kreisausschnitte

zuordnen, ich ordne zu
korrigieren, ich korrigiere

6 Eden berechnet die Oberfläche des Kegels. Bringe ihre Rechnung in die richtige Reihenfolge und setze die fehlenden Zahlen ein.

☐	Lösung berechnen:	$O = 12{,}82\ cm^2$
☐	________ Formel:	$O =$ ____ + ____
☐	Lösung berechnen:	$G =$ ______ cm^2
☐	Zahlen einsetzen:	$M =$ ____ · ____ · ____
☐	Lösung berechnen:	$M =$ ______ cm^2
1	Grundfläche Formel:	$G = \pi \cdot r^2$
☐	Zahlen einsetzen:	$O =$ ____ + ____
☐	________ Formel:	$M = \pi \cdot r \cdot s$
☐	Zahlen einsetzen:	$G =$ ______

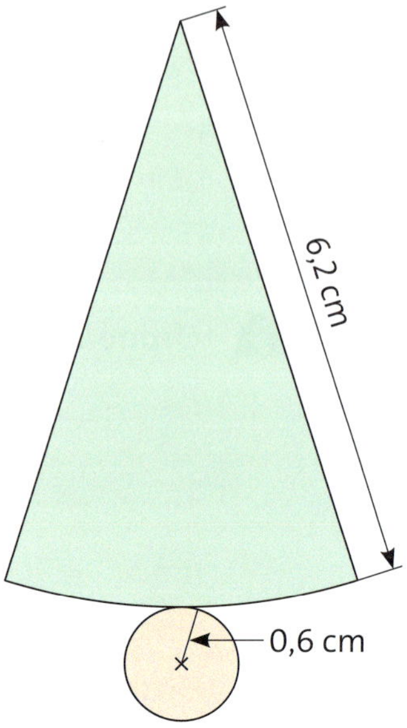

7 Lena hat die Dachfläche berechnet.

a) Setze die richtigen Zahlen in Lenas Planfigur ein.

b) Rechne zu Ende.

Flächen: 4 gleichschenklige Dreiecke

Satz des Pythagoras: $h_a = \sqrt{s^2 - \left(\frac{a}{2}\right)^2} =$

$= 6{,}47\ m$

Die Teilfläche ist ein

Teilfläche: $A_{Dreieck} = \frac{a \cdot h_a}{2} =$

Dachfläche: $4 \cdot A_{Dreieck} =$

Antwort: Die Dachfläche ist ______ groß.

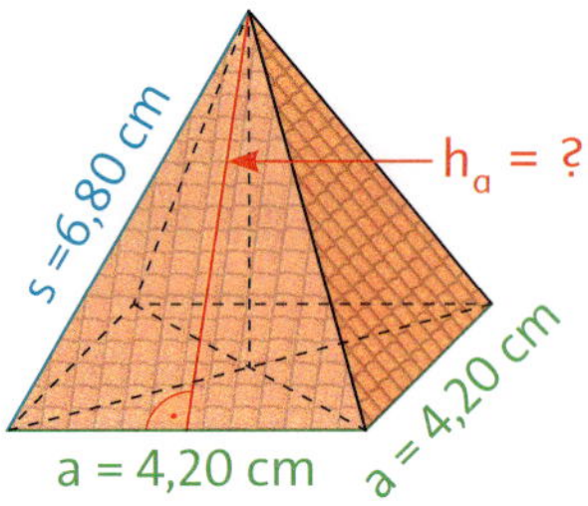

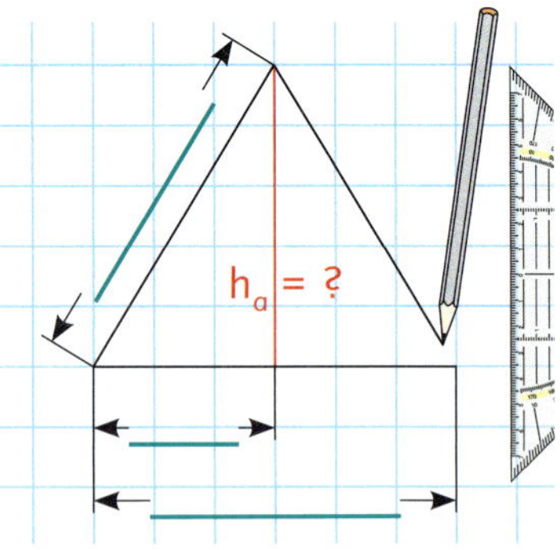

die Dachfläche, die Dachflächen
die Planfigur, die Planfiguren

die Teilfläche, die Teilflächen
die Form, die Formen

das gleichschenklige Dreieck, die gleichschenkligen Dreiecke

8 **Das Holstentor ist ein Lübecker Wahrzeichen. Der Durchmesser der Türme beträgt 12 m. Die Dächer sind 21 m hoch.**

a) Kreuze die richtige Aussage an.

Die Türme sind zusammengesetzte Körper.
Jeder Turm besteht aus…

… einem Quader und einer Pyramide. ☐

… einem Kegel und einem Zylinder. ☐

… einem Zylinder und einer Pyramide. ☐

b) Welchen Radius haben die Türme?

Der Radius der Türme beträgt ________

c) Die Dächer sollen neu gedeckt werden.
Zeichne ein Schrägbild als Planfigur.
Trage die gegebenen Größen ein.

Planfigur

d) Berechne die Mantellinie s.

s =

e) Berechne die Dachfläche der beiden Türme und vervollständige den Antwortsatz.

Die beiden Türme haben zusammen eine Dachfläche von ________

9 **Sind die Aussagen richtig oder falsch? Kreuze an.**

	richtig	falsch
Ein Kegel hat die gleiche Grundfläche wie eine Pyramide, aber er ist doppelt so hoch. Also hat der Kegel das doppelte Volumen der Pyramide.		
Ein Kegel und eine Pyramide haben das gleiche Volumen und sind gleich hoch. Dann hat der Kegel die größere Grundfläche.		
Ein Quader hat die gleiche Grundfläche wie eine Pyramide und ist dreimal so hoch. Dann hat er das neunfache Volumen der Pyramide.		

das Tor, die Tore
der Turm, die Türme

das Wahrzeichen, die Wahrzeichen

zusammengesetzt
decken, es wird gedeckt

1 **Bestimme das Volumen des Prismas. Die Seitenlängen findest du in der Zeichnung.**

Maße: a = , b = ,
b = , h =
Formel:
Ich setze die Zahlen ein:
Ich berechne die Lösung:

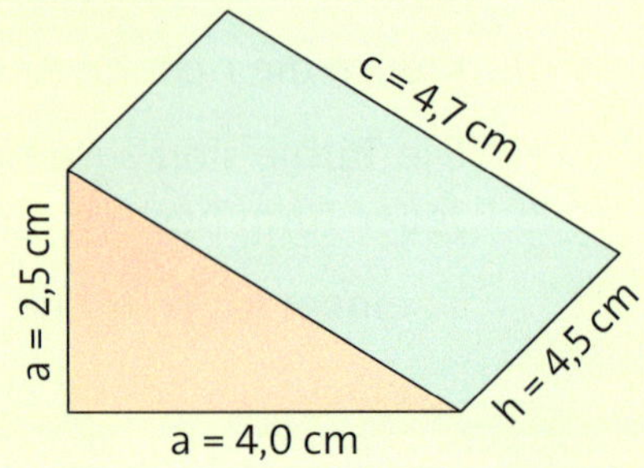

2 **Die Regentonne hat einen Durchmesser von 50 cm und sie ist 1,20 m hoch. Wie viel Liter Wasser passen in die Tonne? Runde auf ganze Liter.**

Formel:
Ich setze die Zahlen ein:
Ich berechne die Lösung:

3 **Eden und Max basteln für ein Fest 6 spitze Hüte aus Pappe.**

a) Wie viel Glitzerpapier brauchen sie zum Bekleben der Hüte?

Formel:
Ich setze die Zahlen ein:
Ich berechne die Lösung:

Antwort: Eden und Max brauchen ______ Glitzerpapier.

b) Wie viel goldenes Band brauchen sie für den Rand der Hüte?

Formel:
Ich setze die Zahlen ein:
Ich berechne die Lösung:

Antwort: Eden und Max brauchen ______ goldenes Band.

 das kann ich gut — das kann ich einigermaßen — das muss ich noch üben

	neue Wörter	in meiner Sprache
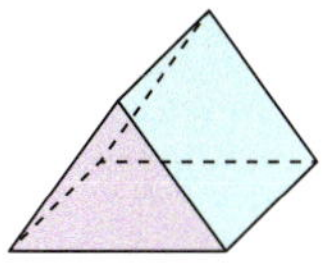	das Schrägbild, die Schrägbilder	
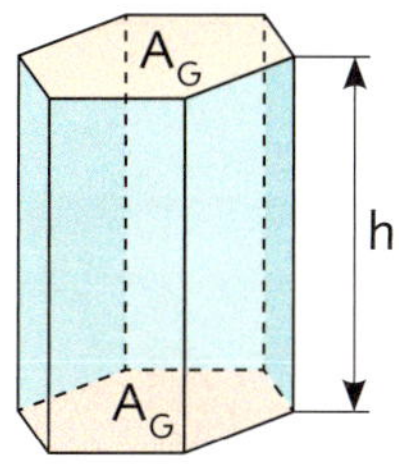 Sechseck	das Sechseck, die Sechsecke	
	das Prisma, die Prismen	
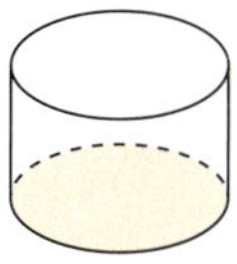	der Zylinder, die Zylinder	
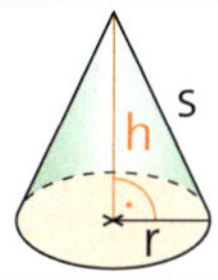	der Kegel, die Kegel	
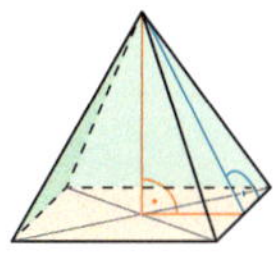	die Pyramide, die Pyramiden	
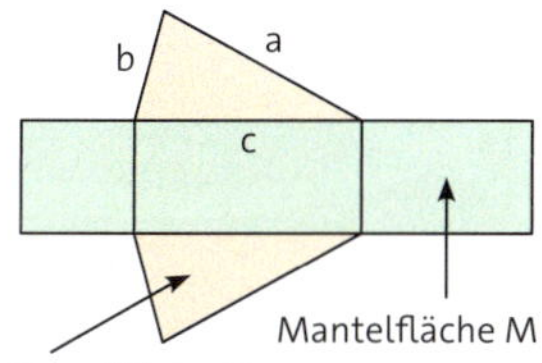	das Körpernetz, die Körpernetze	
	der Mantel, die Mäntel	
	die Grundfläche, die Grundflächen	
	der Umfang, die Umfänge	
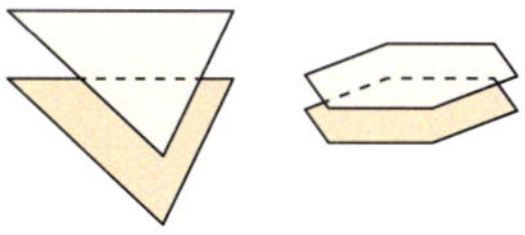	kongruent	
	das Drittel, die Drittel	
	spitz	
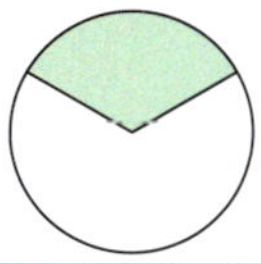	der Kreisausschnitt, die Kreisausschnitte der Kreissektor, die Kreissektoren	
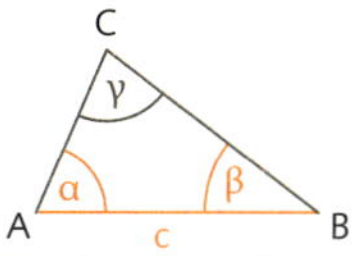	die Planfigur, die Planfiguren	

7 Wahrscheinlichkeiten betrachten

1. Welches Spiel spielen Lena und Max?
2. Wie viele Mitspieler sind in jeder Mannschaft?

die Münze, die Münzen
das Spiel, die Spiele

der Basketball, die Basketbälle
der Mitspieler, die Mitspieler

losen, er/sie lost
werfen, er/sie wirft

1 Ordne die Ergebnismengen Ω richtig zu.

a) Ω = {0, 1, 2, 3, 4, … 35, 36}

b) Ω = {1, 2, 3}

c) Ω = {gelb, orange, rosa, lila, braun}

d) Ω = {Kopf, Zahl}

e) Ω = {1, 2, 3, 4, 5, 6}

f) Ω = {gelb, orange, lila}

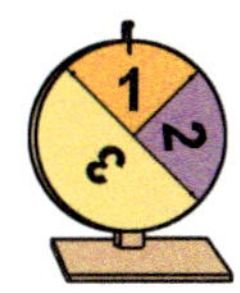

2 Beschrifte die Abbildungen.

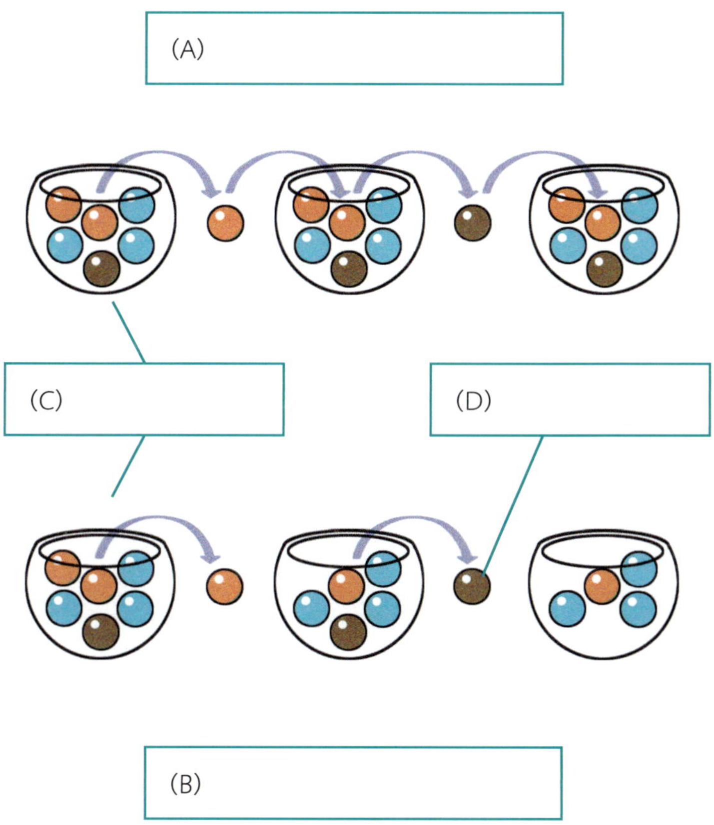

(A) Ziehen mit Zurücklegen
(B) Ziehen ohne Zurücklegen
(C) die Urne
(D) die Kugel

das Glücksrad, die Glücksräder
der Farbkreisel, die Farbkreisel
der Sektor, die Sektoren

die Urne, die Urnen
die Kugel, die Kugeln

das Ergebnis, die Ergebnisse
die Ergebnismenge, die Ergebnismengen

Relative Häufigkeiten und Laplace-Experimente verstehen

1 **Ergänze die Tabelle. Ordne die Begriffe richtig zu.**

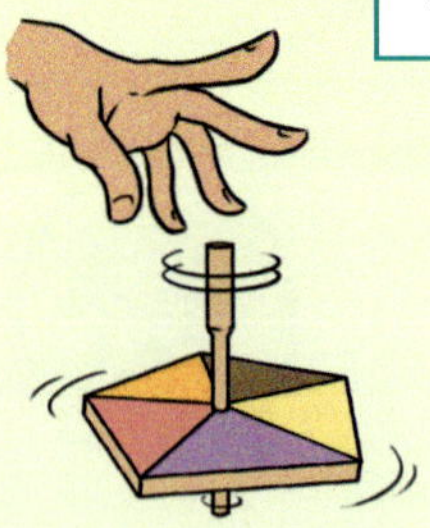

(F)

(A) die Wahrscheinlichkeit
(B) das Ergebnis
(C) die relative Häufigkeit
(D) die absolute Häufigkeit
(E) die Ergebnismenge
(F) das Zufallsexperiment

(B)

die Farbe	rosa	orange	braun	gelb	lila
(D)	7	5			
(C)	$\frac{7}{25}$				
(A)	$\frac{1}{5}$	$\frac{1}{5}$	$\frac{1}{5}$	$\frac{1}{5}$	$\frac{1}{5}$

Ω = {gelb, orange, rosa, lila, braun} (E)

2 **Zwei Würfel werden gleichzeitig geworfen. Ordne richtig zu.**

Die Augensumme …

- ist eine Primzahl.
- ist ungerade.
- ist kleiner als 13.
- ist größer als 8.
- ist durch 3 teilbar.
- ist gerade.
- ist höchstens 8.
- ist 1.

- A = {9, 10, 11, 12}
- B = {2, 4, 6, 8, 10, 12}
- C = { }
- D = {2, 3, 5, 7, 11}
- E = {2, 3, 4, 5, 6, 7, 8}
- F = {3, 6, 9, 12}
- G = {3, 5, 7, 9, 11}
- H = {2, 3, 4, …, 11, 12} = Ω

das unmögliche Ereignis

die Ereignismenge

das Ereignis

das sichere Ereignis

3 **Zwei Würfel werden gleichzeitig geworfen. Gib das Gegenereignis an. Formuliere es in Worten.**

Jedes Ereignis und sein Gegenereignis ergeben zusammen die Ergebnismenge. $A \cup \overline{A} = \Omega$

a) A: Die Augensumme ist prim. A = {2, 3, 5, 7, 11}

$\overline{A}$ = {4, 6, 8, 9, 10, 12}. Die Augensumme ist nicht prim.

b) B: Die Augensumme ist gerade. B = {2, 4, 6, 8, 10, 12}

c) C: Die Augensumme ist durch 3 teilbar. C = {3, 6, 9, 12}

d) D: Die Augensumme ist höchstens 8. D = {2, 3, 4, 5, 6, 7, 8}

4 **Würfle mit einem Würfel 50-mal.**

a) Fülle die Zeile „Strichliste" in der Tabelle aus..

Augenzahl						
Strichliste:						
Absolute Häufigkeit:						
Relative Häufigkeit:						

b) Ergänze die absoluten und relativen Häufigkeiten.

c) Bilde richtige Aussagen mit den Werten aus der Teilaufgabe a).

Die	absolute	Häufigkeit der Zahl	1	ist	…
	relative		2		
			…		

Die absolute Häufigkeit der Zahl 1 ist …

die Augenzahl, die Augenzahlen
die Strichliste, die Strichlisten
das Gegenereignis, die Gegenereignisse
die absolute/relative Häufigkeit, die absoluten/relativen Häufigkeiten

das Glücksrad, die Glücksräder
das Ereignis, die Ereignisse
der Würfel, die Würfel
würfeln, würfle!

gerade – ungerade
prim – nicht prim
teilbar – nicht teilbar
mindestens – größer als
höchstens – kleiner als

5 **Ergänze die Tabellen.**

a) 50-maliges Werfen einer Münze:

die Seite		
	23	
die relative Häufigkeit		
die Wahrscheinlichkeit		

b) 40-maliges Drehen des Glücksrads:

die Farbe	gelb	orange	lila
	19		
			$\frac{12}{40}$

6 **Kreuze alle möglichen Ergebnismengen an.**

a)

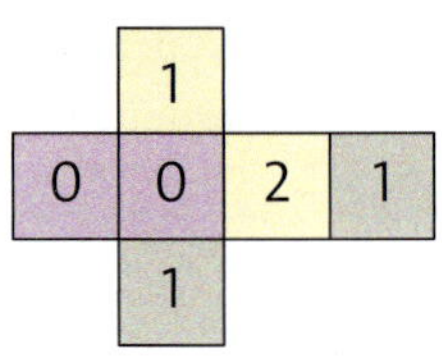

- ☐ Ω = {0, 1, 2}
- ☐ Ω = {gelb, lila, braun}
- ☐ Ω = {1, 2, 3, 4, 5, 6}
- ☐ Ω = {0l, 1g, 1b, 2g}

b)

- ☐ Ω = {0, 1, 2, 3, … , 36}
- ☐ Ω = {0, gerade, ungerade}
- ☐ Ω = {rot, schwarz}
- ☐ Ω = {0, rot, schwarz}
- ☐ Ω = {0, größer 0}

c)

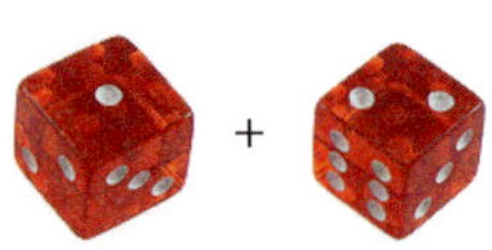

- ☐ Ω = {2, 3, 4, 5 , …, 11, 12}
- ☐ Ω = {Pasch, kein Pasch}
- ☐ Ω = {Summe kleiner 7, Summe größer 7}
- ☐ Ω = {Summe kleiner 7, Summe mindestens 7}

d)

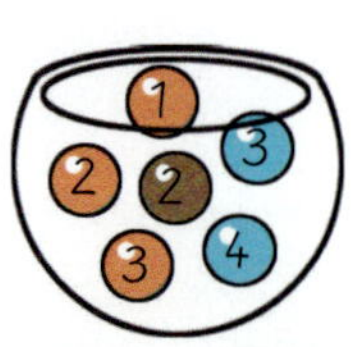

- ☐ Ω = {orange, türkis, braun}
- ☐ Ω = {o1, o2, o3, b2, t3, t4}
- ☐ Ω = {1, 2, 2, 3, 3, 4}
- ☐ Ω = {orange, nicht orange}

die Ergebnismenge, die Ergebnismengen
die Ereignismenge, die Ereignismengen
die Augensumme, die Augensummen
das Ergebnis, die Ergebnisse
das Ereignis, die Ereignisse
der Würfel, die Würfel
der Pasch, die Päsche

7 Laplace-Experiment oder nicht?
Schreibe jeweils einen Satz.

> Bei einem Laplace-Experiment ist jedes Ergebnis gleich wahrscheinlich.

	ist ein Laplace-Experiment,	weil die Wahrscheinlichkeit	von jedem Ergebnis gleich ist.
	ist kein Laplace-Experiment,		der einzelnen Ergebnisse unterschiedlich ist.

a) Das Werfen einer Münze ist ein Laplace-Experiment, weil die Wahrscheinlichkeit von jedem Ergebnis gleich ist.

b) Die Augensumme beim Werfen zweier Würfel

c) Das Drehen des Glücksrads

d) Das Werfen eines Würfels

8 Kreuze die richtige Wahrscheinlichkeit an und verbinde.

a) 

☐ $P(6) = \frac{1}{6}$
☐ $P(6) = \frac{1}{3}$

b) 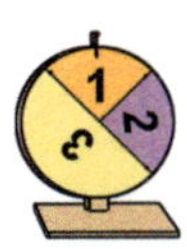

☐ $P(\text{gelb}) = \frac{1}{2}$
☐ $P(\text{gelb}) = \frac{1}{6}$

c) 

☐ $P(\text{rot}) = \frac{1}{2}$
☐ $P(\text{rot}) = \frac{18}{37}$

d) 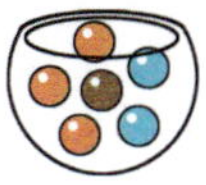

☐ $P(\text{braun}) = \frac{1}{6}$
☐ $P(\text{braun}) = \frac{1}{3}$

e) 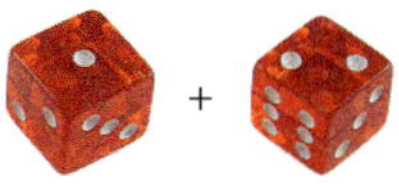

☐ $P(12) = \frac{1}{6}$
☐ $P(12) = \frac{1}{36}$

- die Wahrscheinlichkeit für die Farbe Rot
- die Wahrscheinlichkeit für das Ziehen der braunen Kugel
- die Wahrscheinlichkeit für das Würfeln der Zahl 6
- die Wahrscheinlichkeit für die Augensumme 12
- die Wahrscheinlichkeit für den gelben Sektor

die Wahrscheinlichkeit, die Wahrscheinlichkeiten
das Glücksrad, die Glücksräder
das Laplace-Experiment, die Laplace-Experimente
der Würfel, die Würfel
der Pasch, die Päsche

Zweistufige Zufallsexperimente untersuchen

1 Aus einer Urne werden zwei Kugeln ohne Zurücklegen gezogen.

a) Beschrifte die Abbildung.

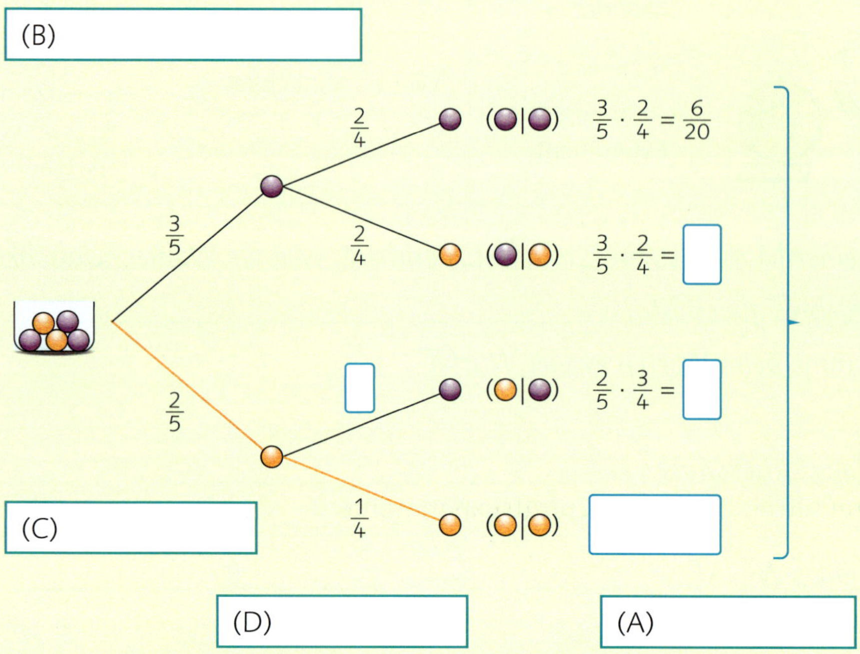

(A) das Ergebnis
(B) das Baumdiagramm
(C) der Zweig
(D) der Pfad

$\frac{6}{20} +$ $= 1$

Die Summe der einzelnen Wahrscheinlichkeiten ist 1.

b) Ergänze die fehlenden Wahrscheinlichkeiten.

2 Ergänze die fehlenden Werte.

Junge: J
Mädchen: M
blond: B
schwarz: S

Relative Häufigkeiten gibt man in Prozent oder als Bruchzahlen an.

die absolute Häufigkeit

	B	S	
J	2		
M		4	
	5		13

die Vierfeldertafel

P(B ∩ J)
Man sagt: P von B **und** J

P(M ∪ S)
Man sagt: P von M **oder** S

die relative Häufigkeit

	B	S	
J	$\frac{2}{13}$		
M		$\frac{4}{13}$	
	$\frac{5}{13}$		$\frac{13}{13} = 1$

die Vierfeldertafel

3 **Du ziehst aus einer Urne mit vier rosa Kugeln und einer grauen Kugel zweimal ohne Zurücklegen.**

a) Ergänze die fehlenden Wahrscheinlichkeiten auf den Zweigen und für jeden Pfad.

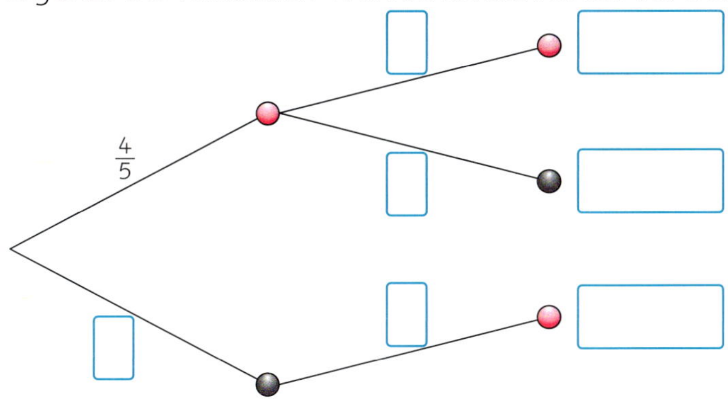

b) Berechne die Wahrscheinlichkeit, dass genau eine rosa Kugel gezogen wird.

P(einmal rosa) =

4 **Gegeben sind drei unterschiedliche Zufallsexperimente.**

a) Ordne die Baumdiagramme richtig zu.

(1) Du drehst einen Kreisel mit fünf gleich großen Sektoren, davon drei orange und zwei violett, zwei Mal.

(2) Du ziehst aus einer Tüte mit vier orangen und sechs violetten Bonbons zwei Bonbons nacheinander heraus.

(3) Du ziehst aus einem Schrank mit drei orangen und zwei violetten Socken zwei Socken nacheinander heraus.

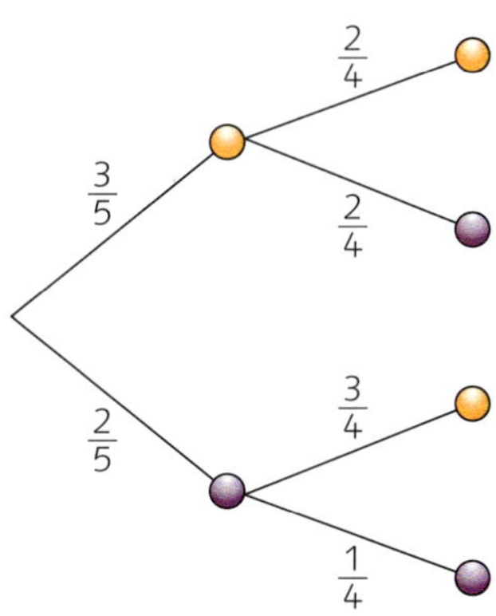

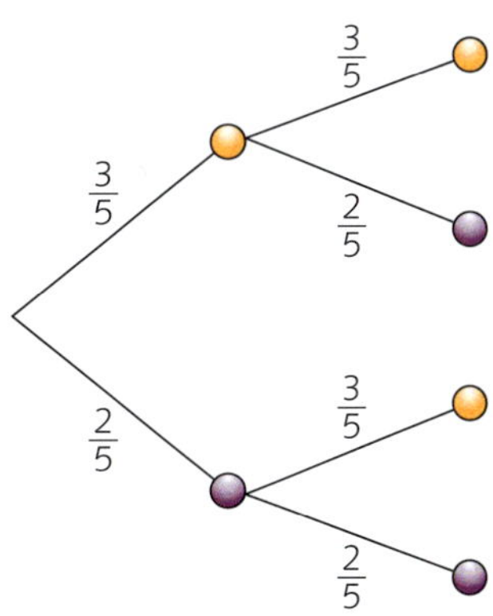

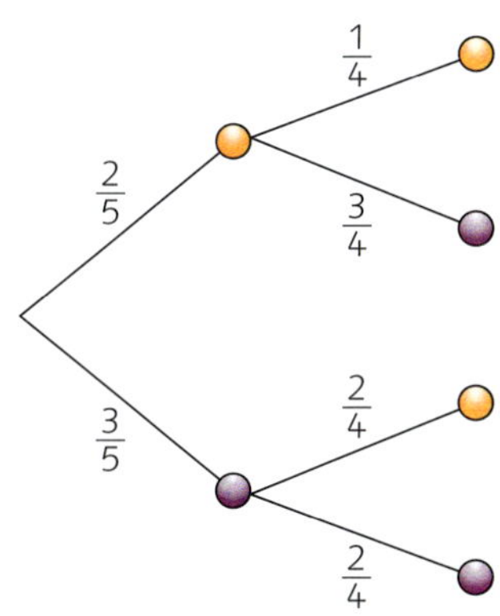

b) Zufallsexperiment mit oder ohne Zurücklegen? Kreuze an.

mit Zurücklegen: ☐ 1 ☐ 2 ☐ 3

ohne Zurücklegen: ☐ 1 ☐ 2 ☐ 3

die Socke, die Socken
die Tüte, die Tüten

das Bonbon, die Bonbons
das Baumdiagramm, die Baumdiagramme

der Kreisel, die Kreisel
der Schrank, die Schränke
herausziehen, du ziehst heraus
nacheinander

5 **Du wirfst eine Münze und anschließend ein Tetraeder.**

a) Vervollständige das zugehörige Baumdiagramm. Ergänze auch die Wahrscheinlichkeiten.

Münzwurf:

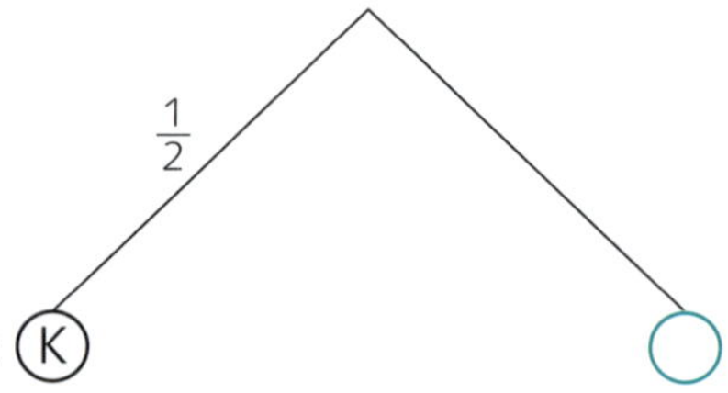

Tetraederwurf:

b) Gib die Ergebnismenge an.

____

6 **Eine Umfrage unter 1000 Personen ergab folgendes Ergebnis.**

a) Ergänze die fehlenden absoluten Häufigkeiten in der Vierfeldertafel.

Männlich: M
Weiblich: W
hat ein Fahrrad: F
hat kein Fahrrad: $\overline{F}$

	M	W	
F	380		
$\overline{F}$			320
	530		1000

b) Kreuze die richtige relative Häufigkeit an:

Eine zufällig gewählte Person ist männlich.

☐ $P(M) = \frac{530}{1000}$

☐ $P(M) = \frac{380}{1000}$

Eine zufällig gewählte Person ist weiblich und hat ein Fahrrad.

☐ $P(W \cap F) = \frac{300}{1000}$

☐ $P(W \cap F) = \frac{470}{1000}$

die Vierfeldertafel, die Vierfeldertafeln
die Münze, die Münzen
die Umfrage, die Umfragen
das Fahrrad, die Fahrräder
das Tetraeder, die Tetraeder
das Baumdiagramm, die Baumdiagramme
der Münzwurf, die Münzwürfe
ergeben, er/sie ergab

7 **Gegeben ist die folgende Vierfeldertafel der relativen Häufigkeiten.**

a) Ergänze die fehlenden relativen Häufigkeiten.

Raucher: R
Nichtraucher: $\overline{R}$
im Fußballverein: F
nicht im Fußballverein: $\overline{F}$

	R	$\overline{R}$	
F		$\frac{44}{80}$	
$\overline{F}$	$\frac{14}{80}$		
		$\frac{56}{80}$	1

b) Ordne den Ereignissen die richtigen Wahrscheinlichkeiten zu.

Die Person ist Raucher und im Fußballverein.

Die Person ist Nichtraucher.

Eine Person im Fußballverein ist Raucher.

$\frac{56}{80}$ $\frac{10}{24}$ $\frac{10}{54}$ $\frac{10}{80}$

8 **Lies den Text und fülle die Vierfeldertafel aus.**

Die 30 Schüler einer Schulklasse werden befragt. Von den 17 Jungen geben 5 als Lieblingsfach Sport an. Insgesamt haben 8 Schüler Sport als Lieblingsfach.

a) Benenne die Ereignisse im Kasten rechts.

b) Fülle die Vierfeldertafel mit den relativen Häufigkeiten.

Junge:
Mädchen:
Lieblingsfach Sport:
anderes Lieblingsfach:

die Vierfeldertafel, die Vierfeldertafeln
die relative Häufigkeit, die relativen Häufigkeiten
die Schulklasse, die Schulklassen

das Lieblingsfach, die Lieblingsfächer
das Ereignis, die Ereignisse

der Raucher, die Raucher
der Sport, –
der Verein, die Vereine

1 Zufallsexperiment oder nicht? Kreuze an.

a) Werfen eines Würfels

- ☐ Zufallsexperiment
- ☐ Laplace-Experiment
- ☐ kein Zufallsexperiment

b) Messen eines Winkels

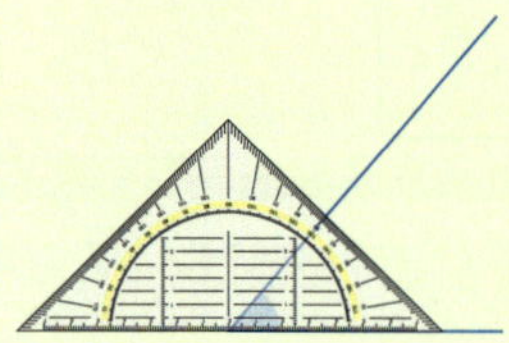

- ☐ Zufallsexperiment
- ☐ Laplace-Experiment
- ☐ kein Zufallsexperiment

c) Werfen eines Reißnagels

- ☐ Zufallsexperiment
- ☐ Laplace-Experiment
- ☐ kein Zufallsexperiment

2 Ein zweistufiges Zufallsexperiment wurde 250 Mal durchgeführt.

a) Ergänze die fehlenden Werte der relativen Häufigkeiten.

b) Kreuze die richtige relative Häufigkeit an.

$P(\overline{A}) =$ ☐ 38 % ☐ 62 %

$P(A \cap B) =$ ☐ 34 % ☐ 80 %

$P(A \cup B) =$ ☐ 80 % ☐ 20 %

	A	$\overline{A}$	
B	34 %		
$\overline{B}$			48 %
	62 %		1

c) Kreuze die richtige absolute Häufigkeit an.

A: ☐ 155 ☐ 62

$\overline{B}$: ☐ 130 ☐ 120

$A \cap B$: ☐ 34 ☐ 85

3 Ergänze die fehlenden Wahrscheinlichkeiten. Kreuze mögliche Urneninhalte an.

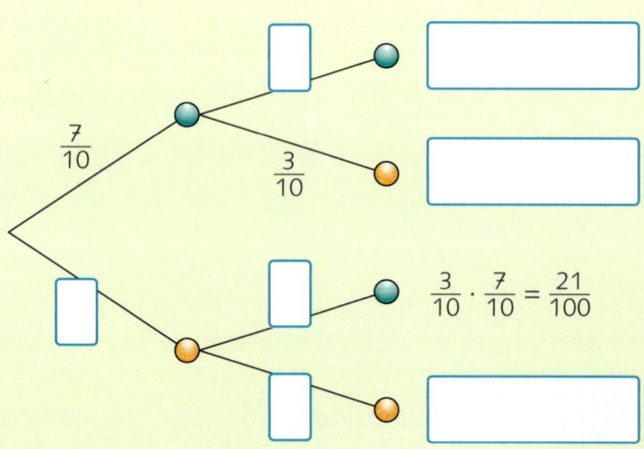

- ☐ 3 türkis, 7 orange
- ☐ 7 türkis, 3 orange
- ☐ 21 türkis, 9 orange
- ☐ 10 türkis, 3 orange

☺ das kann ich gut ☺ das kann ich einigermaßen ☹ das muss ich noch üben

	neue Wörter	in meiner Sprache
	das Zufallsexperiment, die Zufallsexperimente	
Zahl	das Ergebnis, die Ergebnisse	
$\Omega = \{K, Z\}$	die Ergebnismenge, die Ergebnismengen	
K: 17-mal	die absolute Häufigkeit, die absoluten Häufigkeiten	
$\frac{17}{40}$	die relative Häufigkeit, die relativen Häufigkeiten	
	das Laplace-Experiment, die Laplace-Experimente	
$P(1) = \frac{1}{6}$	die Wahrscheinlichkeit, die Wahrscheinlichkeiten	
A: prim	das Ereignis, die Ereignisse	
$A = \{2, 3, 5\}$	die Ereignismenge, die Ereignismengen	
$A = \{1, 4, 6\}$	das Gegenereignis, die Gegenereignisse	
$B = \{\ \}$	das unmögliche Ereignis, die unmöglichen Ereignisse	
$C = \Omega$	das sichere Ereignis, die sicheren Ereignisse	
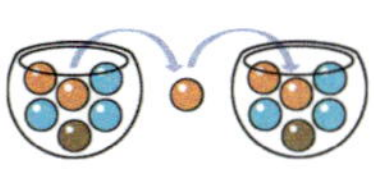	die Kugel, die Kugeln	
	die Urne, die Urnen	
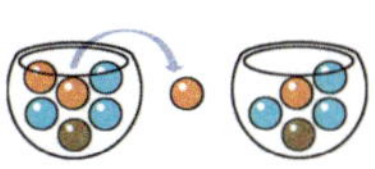	Ziehen mit Zurücklegen	
	Ziehen ohne Zurücklegen	
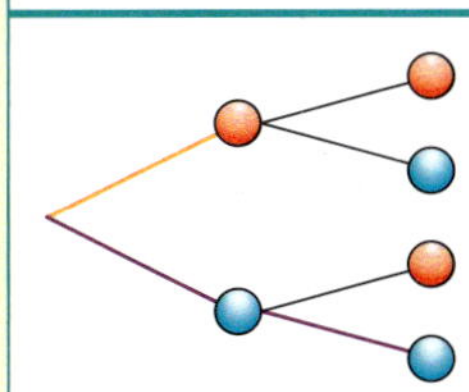	das Baumdiagramm, die Baumdiagramme	
	der Zweig, die Zweige	
	der Pfad, die Pfade 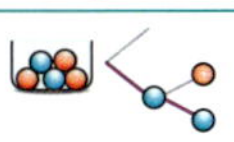	
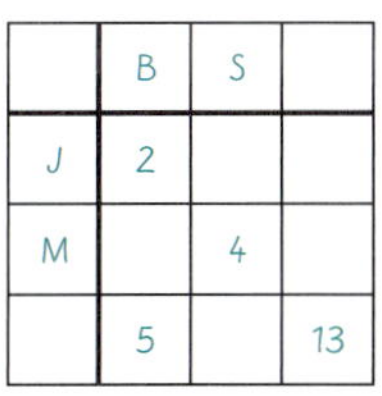	die Vierfeldertafel, die Vierfeldertafeln	
$P(A \cap B)$	die Wahrscheinlichkeit von A und B	
$P(A \cup B)$	die Wahrscheinlichkeit von A oder B	

8 Tests verstehen

Mathematikaufgaben sind meistens nicht als Fragen formuliert. Manchmal ist die Lösung auch ein Text oder ein Bild und keine Rechnung. Oft enthält die Aufgabe eine Anweisung. In dieser Anweisung steht, was du machen sollst und wie du die Aufgabe lösen sollst.

Anweisung	Beispiel	Was ist gefragt?	Wie musst du es lösen?
Berechnen	Berechne den Wert des Produktes aus 23,9 und 3,5.	Was ist $23{,}9 \cdot 3{,}5$?	Du musst deinen Rechenweg angeben.
Angeben oder nennen	Gib den Wert der Summe aus 14,5 und 2,3 an.	Was ist $13{,}5 + 2{,}3$?	Du musst nur das Ergebnis aufschreiben.
Nachweisen oder zeigen	Zeige, dass die 1. binomische Formel immer gilt.	Warum gilt die 1. binomische Formel immer?	Deine Antwort muss allgemein gelten. Du darfst kein Beispiel verwenden.
Erläutern oder erklären	Erläutere das Lösen eines linearen Gleichungssystems.	Wie löst man ein lineares Gleichungssystem?	Du sollst einen Text schreiben.
Skizzieren	Skizziere das Schrägbild eines Quaders.	Was ist ein Quader? Wie sieht er aus?	Du sollst ein Bild eines Quaders malen. Die Maße sind egal.
Zeichnen	Zeichne das Schrägbild eines Quaders mit $l = 4\,cm$, $b = 3\,cm$ und $h = 5\,cm$.	Wie sieht ein Quader mit diesen Maßen aus?	Du sollst das Bild dieses Quaders malen. Die Maße müssen stimmen.
Vergleichen	Vergleiche die beiden dargestellten Vierecke.	Was haben die beiden Vierecke gemeinsam? Worin unterscheiden sie sich?	Du sollst einen Text schreiben. Schreibe alles auf, was dir auffällt.
Ermitteln oder bestimmen	5 Hefte kosten 3,95 €. Ermittle den Preis von 3 Heften.	Was kosten 3 Hefte, wenn 5 Hefte 3,95 € kosten?	Eine solche Aufgabe hat oft verschiedene Lösungswege. Schreibe genau auf, wie du vorgehst.
Begründen	Begründe, dass für alle rechtwinkligen Dreiecke der Satz des Pythagoras gilt.	Warum gilt der Satz des Pythagoras für alle rechtwinkligen Dreiecke?	Solche Aussagen sind richtig. Deine Antwort muss allgemein gelten. Du darfst kein Beispiel verwenden.

Interpretieren	Eden und Amina arbeiten in einem Bekleidungsgeschäft. Eden verdient 11 € in einer Stunde, Amina 13 €. Interpretiere die Rechnung 13 € – 11 € im Zusammenhang.	Was bedeutet das Ergebnis der Rechnung 13 € – 11 € = 2 € für Eden und Amina?	Solche Aufgaben sind in Geschichten eingebunden. Du musst das Ergebnis deiner Rechnung in einen Zusammenhang mit dieser Geschichte bringen.
Widerlegen	Widerlege die Aussage: In jedem Dreieck sind alle Winkel spitz.	Warum gilt die Aussage „In jedem Dreieck sind alle Winkel spitz" nicht?	Solche Aussagen sind falsch. Es genügt, wenn du ein Beispiel findest, für das die Aussage nicht zutrifft.

1 Übersetze die Fragen in Anweisungen. Nutze die angegebenen Wörter.

Begründe, Bestimme, Gib an, ~~Erkläre,~~ Vergleiche

a) Was ist ein Laplace-Experiment?

Erkläre, was ein Laplace-Experiment ist.

b) Wie groß ist das Volumen eines Zylinders mit r = 3 cm und h = 5 cm?

_______ *das Volumen eines Zylinders mit r = 3 cm und h = 5 cm.*

c) Warum hat der Graph jeder linearen Funktion genau eine Nullstelle?

_______ *dass der Graph jeder linearen Funktion genau eine Nullstelle hat.*

d) Was haben eine Pyramide und ein Kegel gemeinsam? Was unterscheidet sie?

_______ *Pyramide und Kegel.*

e) Wie lautet die 3. binomische Formel?

_______ *die 3. binomische Formel*

2 In diesem Arbeitsheft findest du sowohl Aufgaben, die als Fragen formuliert sind, als auch Aufgaben, die als Anweisungen gestellt sind. Übersetze sie in deinem Heft in die andere Schreibweise.

Beispiele:

S. 5 / 2 Was passiert in dem Bild?

Beschreibe, was in dem Bild passiert.

S. 7 / 6 b) Berechne, wie viele Kinder jeweils aus den Ländern kommen.

____

S. 9 / 11 a) Wie viel hat das T-Shirt vorher gekostet?

____

Komplexe Aufgaben sicher lösen

1 Von einem rechtwinkligen Dreieck ist bekannt, dass die längere Kathete um 1 cm kürzer ist als die Hypotenuse und um 7 cm länger als die kürzere Kathete. Ermittle die Seitenlängen dieses rechtwinkligen Dreiecks.

Lösung	
Markiere im Text alle wichtigen Informationen. Schreibe die Informationen heraus, führe Bezeichnungen ein.	Rechtwinkliges Dreieck längere Kathete: a kürzere Kathete: b Hypotenuse: c
Erstelle eine Skizze. Trage alle Informationen ein. Wenn alle Angaben in der gleichen Einheit gegeben sind, dann kannst du die Einheit zunächst weglassen.	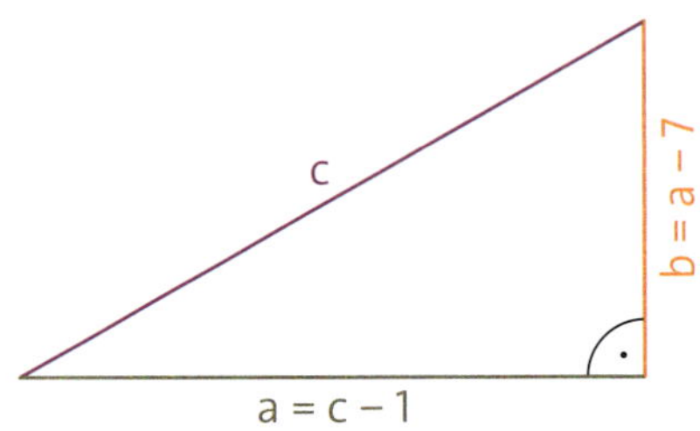
Stelle mithilfe der Angaben Gleichungen auf. Die Angaben für a und b stehen direkt im Text. Außerdem handelt es sich um ein rechtwinkliges Dreieck, es gilt der Satz des Pythagoras.	1) $a = c - 1$ 2) $b = a - 7 = (c - 1) - 7 = c - 8$ 3) $c^2 = a^2 + b^2$
Nun kannst du die Gleichungen 1) und 2) in die Gleichung 3) einsetzen und nach c auflösen.	$c^2 = (c - 1)^2 + (c - 8)^2$ $\Leftrightarrow\ c^2 = c^2 - 2c + 1 + c^2 - 16c + 64$ $\Leftrightarrow\ c^2 - 18c + 65 = 0$
Die quadratische Gleichung kannst du mit der Mitternachtsformel lösen.	$c_{1/2} = \frac{18 \pm \sqrt{324 - 260}}{2} = \frac{18 \pm \sqrt{64}}{2} = \frac{18 \pm 8}{2} = \begin{cases} 13 \\ 5 \end{cases}$
Mithilfe der Lösungen für c kannst du nun a und b berechnen.	Lösung 1: $a = c - 1\,\text{cm} = 13\,\text{cm} - 1\,\text{cm} = 12\,\text{cm}$ $b = c - 8\,\text{cm} = 13\,\text{cm} - 8\,\text{cm} = 5\,\text{cm}$ Lösung 2: $a = c - 1\,\text{cm} = 5\,\text{cm} - 1\,\text{cm} = 4\,\text{cm}$ $b = c - 8\,\text{cm} = 5\,\text{cm} - 8\,\text{cm} = -3\,\text{cm}$
Überlege, ob beide Lösungen Sinn ergeben.	Bei Lösung 2 ist die Länge der Kathete b negativ, das geht nicht. Nur Lösung 1 ist sinnvoll.
Schreibe einen Antwortsatz.	Die Seitenlängen des Dreiecks sind c = 13 cm, a = 12 cm und b = 5 cm.
Du kannst eine Kontrolle durchführen. Überprüfe dazu, ob das Dreieck wirklich rechtwinklig ist.	$c^2 = (13\,\text{cm})^2 = 169\,\text{cm}^2$ $a^2 + b^2 = (12\,\text{cm})^2 + (5\,\text{cm})^2$ $= 144\,\text{cm}^2 + 25\,\text{cm}^2 = 169\,\text{cm}^2 = c^2$

Tipp: Variablen heißen nicht immer „x".
Tipp: Eine Kontrollrechnung ist ein guter Hinweis dafür, dass du keinen Fehler gemacht hast.
Tipp: Nicht immer ergeben alle Lösungen im Zusammenhang Sinn.

2 **Ein Schokoladenhersteller plant neue Pralinen in symmetrischer Form. Die untere Fläche ist ein Quadrat mit 3 cm Seitenlänge. Die obere Fläche ist ein Rechteck mit der Länge 3 cm und der Breite 2 cm. Die Praline ist 2 cm hoch. Die Praline soll in Folie verpackt werden. Bestimme dazu den Oberflächeninhalt.**

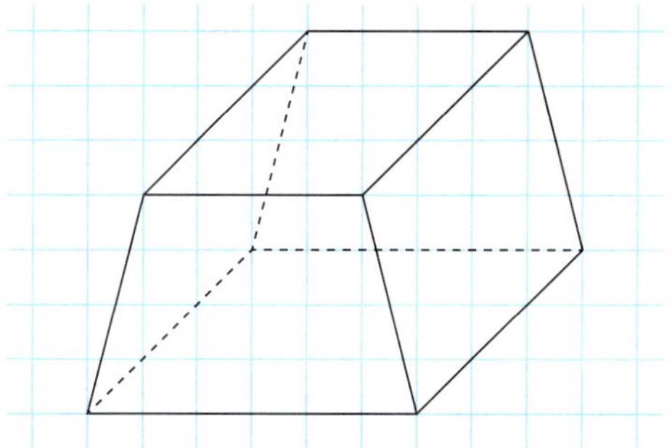

Lösung	
Überlege zuerst, um welchen geometrischen Körper es sich handelt. Wenn du den Körper in Gedanken kippst, dann erkennst du, dass es sich um ein Prisma handelt. Die Grundfläche ist ein gleichschenkliges Trapez.	
Die Maße der Grundfläche findest du im Text.	$a = 3\text{ cm};\ c = 2\text{ cm};\ h_T = 2\text{ cm}$
Bodenfläche und Deckelfläche kannst du mit der Formel für ein Prisma berechnen.	$G = \frac{1}{2}(a + c) \cdot h_T$ $= \frac{1}{2} \cdot (3\text{ cm} + 2\text{ cm}) \cdot 2\text{ cm} = 5\text{ cm}^2$
Damit du die Mantelfläche des Prismas berechnen kannst, musst du zuerst die Länge der Trapezschenkel ermitteln. Hier hilft dir noch einmal eine genaue Skizze.	$3\text{ cm} - 2 \cdot x = 2\text{ cm}$ $\Leftrightarrow\ 2 \cdot x = 1\text{ cm} \quad x = 0{,}5\text{ cm}$ 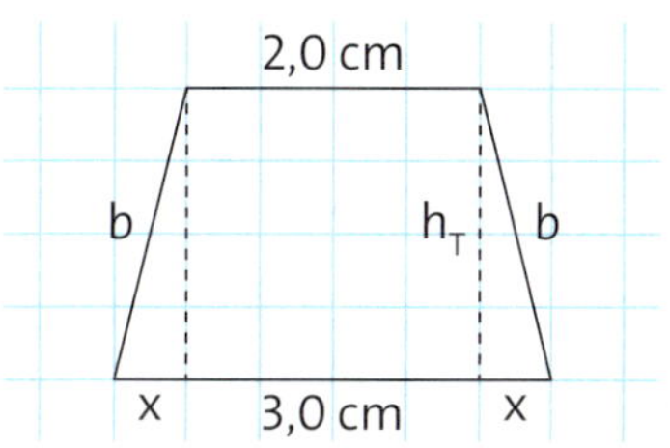
Beim Rechnen hilft dir der Satz des Pythagoras.	$x^2 + h_T{}^2 = b^2$ $\Leftrightarrow\ b = \sqrt{x^2 + h_T{}^2}$ $\Leftrightarrow\ b = \sqrt{(0{,}5\text{ cm})^2 + (2\text{ cm})^2}$ $\Leftrightarrow\ b = \sqrt{4{,}25\text{ cm}^2} \approx 2{,}06\text{ cm}$
Berechne die Mantelfläche.	$M = h_P \cdot u_T$ $\approx 3\text{ cm} \cdot (2\text{ cm} + 3\text{ cm} + 2 \cdot 2{,}06\text{ cm})$ $\approx 27{,}4\text{ cm}^2$
Berechne die Oberfläche.	$O = 2G + M \approx 2 \cdot 5\text{ cm}^2 + 27{,}4\text{ cm}^2 \approx 37{,}4\text{ cm}^2$
Schreibe einen Antwortsatz.	Der Oberflächeninhalt der Praline ist ungefähr $37{,}4\text{ cm}^2$ groß.

3 **Max mietet für seinen Umzug einen Lastwagen, der 2,20 m breit und 3,90 m hoch ist. Auf dem Weg von seiner alten Wohnung zu seiner neuen Wohnung muss er durch einen Tunnel. Der Tunnel ist am Boden 6 m breit und in der Mitte ist er 4 m hoch.**

a) Du kannst den Tunnel durch die quadratische Funktion $f(x) = a \cdot x^2 + b$ beschreiben. Bestimme die Parameter a und b. Fertige zuerst eine Skizze an.

b) Gib an, ob Max mit dem Lastwagen gefahrlos durch den Tunnel fahren kann. Begründe deine Antwort.
Löse die Aufgaben in deinem Heft. Die Beispielaufgaben 1 und 2 helfen dir.

prima ankommen im Fachunterricht

DaZ-Arbeitsbuch Mathematik Klasse 8 – 10

Dieses Arbeitsbuch gehört zur Reihe:
Prima ankommen im Fachunterricht

Weitere Bestandteile der Reihe sind:
DaZ-Arbeitsbuch Mathematik Klasse 5–7 (978-3-06-000102-6)
DaZ-Arbeitsbuch Biologie – Physik – Chemie Klasse 5–6 (978-3-06-010408-6)
DaZ-Arbeitsbuch Biologie – Physik – Chemie Klasse 7–10 (978-3-06-010409-3)
DaZ-Arbeitsbuch Deutsch Klasse 5–7 (978-3-06-060861-4)
DaZ-Arbeitsbuch Deutsch Klasse 8–10 (978-3-06-060862-1)
DaZ-Arbeitsbuch Geschichte – Erdkunde – Politik Klasse 5–6 (978-3-06-065609-7)
DaZ-Arbeitsbuch Geschichte – Erdkunde – Politik Klasse 7–10 (978-3-06-065610-3)

Bildquellen: **S. 5** Fotolia/electriceye – **S. 9** Hosen: Fotolia/Pixelot; T-Shirts: Fotolia/bergamont; Schuhe: Fotolia/Björn Wylezich – **S. 49** Handy: Fotolia/PhotoSG; Stöpsel: dpa Picture-Alliance/ PA Peter Byrne; Kaffeekapseln: Fotolia/novro – **S. 77** Fotolia/kameraauge – **S. 78** Regentonne: Günter Liesenberg; Partyhütchen: Fotolia/Claudia Paulussen – **S. 81** Roulettetisch: Fotolia/sharryfoto; Euromünze: Fotolia/seen; Würfel: Fotolia/taddle – **S. 82** Archiv Cornelsen – **S. 83** Archiv Cornelsen - **S. 84** Münze: Fotolia/seen; Roulettetisch: Fotolia/sharryfoto; Würfel: Archiv Cornelsen – **S. 85** Würfel: Archiv Cornelsen; Roulettetisch: Fotolia/sharryfoto – **S. 88** Münze: Fotolia/seen; Tetraederwürfel: Fotolia/Grum_l – **S. 90** Reißnagel: imago/CHROMORANGE; Würfel: Fotolia/taddle – **S. 91** Archiv Cornelsen

Projektleitung:	Ulrike Richter, Dr. Michael Unger
Redaktion:	Anicó Kulow, Berlin
Illustrationen:	Gregor Mecklenburg, Pinneberg
technische Zeichnungen:	Christian Böhning, Berlin
Umschlaggestaltung:	Rosendahl Berlin, Agentur für Markendesign
Umschlagfoto:	Shutterstock/Brian A Jackson
Layout und technische Umsetzung:	CMS – Cross Media Solutions GmbH, Würzburg

www.cornelsen.de

1. Auflage, 1. Druck 2017

Alle Drucke dieser Auflage sind inhaltlich unverändert
und können im Unterricht nebeneinander verwendet werden.

Druck: Firmengruppe APPL, aprinta Druck, Wemding

ISBN: 978-3-06-000103-3